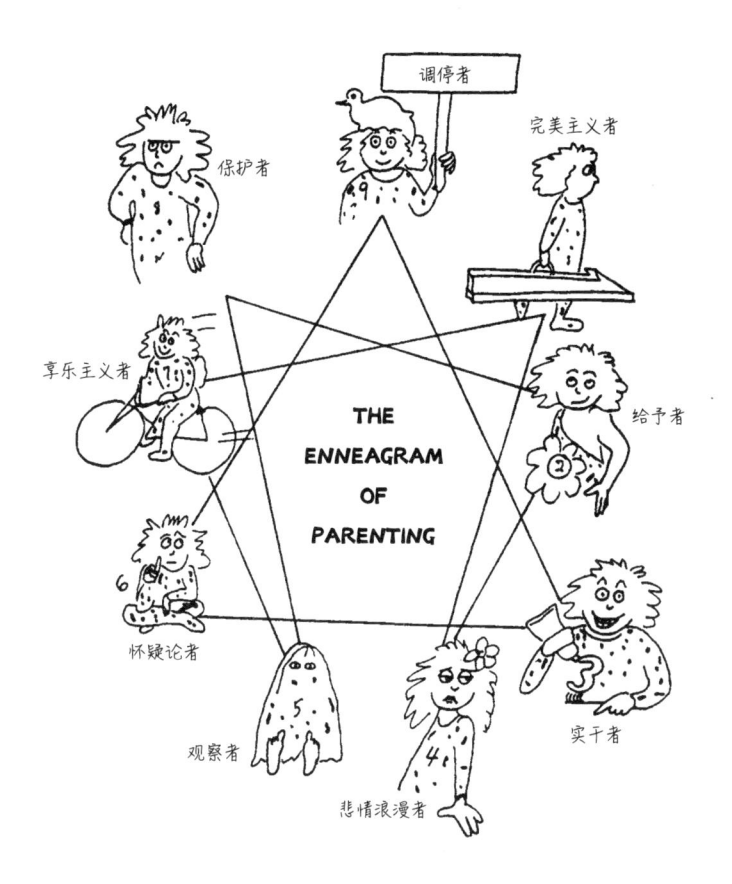

原来
你是这样的小孩

用九型人格化解教养焦虑

[美]伊丽莎白·瓦格勒（Elizabeth Wagele）/ 著　刘静 / 译

华夏出版社
HUAXIA PUBLISHING HOUSE

图书在版编目（CIP）数据

原来你是这样的小孩：用九型人格化解教养焦虑 /（美）伊丽莎白·瓦格勒 (Elizabeth Wagele) 著；刘静 译 . -- 北京：华夏出版社有限公司, 2023.1

书名原文：The Enneagram of Parenting: The 9 Types of Children and How to Raise Them Successfully

ISBN 978-7-5222-0398-0

Ⅰ.①原… Ⅱ.①伊… ②刘… Ⅲ.①人格心理学—通俗读物 Ⅳ.① B848-49

中国版本图书馆 CIP 数据核字（2022）第 141978 号

THE ENNEAGRAM OF PARENTING, Copyright: © 1997 by Elizabeth Wagele.
Published by arrangement with HarperSanFrancisco, an imprint of HarperCollins Publishers.
Simplified Chinese edition copyright: © 2022 Huaxia Publishing House Co., Ltd.
All rights reserved.

版权所有，翻印必究。

北京市版权局著作权合同登记号：图字 01-2020-3935 号

原来你是这样的小孩：用九型人格化解教养焦虑

作　　者	［美］伊丽莎白·瓦格勒
译　　者	刘　静
策划编辑	王凤梅　刘　洋
责任编辑	刘　洋
责任印制	刘　洋
出版发行	华夏出版社有限公司
经　　销	新华书店
印　　刷	三河市万龙印装有限公司
装　　订	三河市万龙印装有限公司
版　　次	2023 年 1 月北京第 1 版　2023 年 1 月北京第 1 次印刷
开　　本	710×1000　1/16 开
印　　张	12
定　　价	56.00 元

华夏出版社有限公司　网址：www.hxph.com.cn　电话：（010）64663331（转）
地址：北京市东直门外香河园北里 4 号　邮编：100028
若发现本版图书有印装质量问题，请与我社营销中心联系调换。

带着爱将此书献给：

我的伴侣格斯，以及我们的孩子

尼克

玛莎

奥吉

米兰达

目录
contents

第一章	儿童和九型人格	1
第二章	完美主义者人格（第1号）	11
第三章	给予者人格（第2号）	25
第四章	实干者人格（第3号）	41
第五章	悲情浪漫者人格（第4号）	55
第六章	观察者人格（第5号）	71
第七章	怀疑论者人格（第6号）	85
第八章	享乐主义者人格（第7号）	101

第九章　保护者人格（第8号）	117
第十章　调停者人格（第9号）	133
第十一章　父母和九型人格	147
第十二章　二十个其他问题	157
后记	177
推荐阅读	179
致谢	185
关于作者	186

第一章 儿童和九型人格

在养育子女方面，你是宽松地放养，还是像教官一样严格？你是否感到手足无措，不知道该怎样做才能成为好父母？在养育子女方面，无论你是想赢在起跑线，还是想改变目前的养育方式，九型人格的智慧都能给你一些启发。人们经常担心，孩子长大成人后不具备父母所期待的品质。由于我们无法选择孩子的先天性格，所以我们常常试图强行把孩子塑造成某种性格。然而这并不是一种良好的教养方式，我们必须学会让自己的养育方式适应孩子的人格特性，并鼓励孩子走出自己的路。

我在有孩子之前，曾想象着自己会通过努力成为一位好母亲。我曾经相信，只要我付出爱和关怀，孩子就会在各方面跟我合得来。人们曾认为孩子的性格取决于父母，而不取决于孩子自己的内心。虽然社会文化和家庭环境对人的性格塑造有重要的影响，但是我们发现，孩子有自己的天然倾向：或内向或外向，或敏感或大条，或莽撞或胆小，或被动或好斗。甚至连孩子是喜欢整洁还是杂乱，都来自天然倾向，而不仅是父母训练的结果。

成年人可以用九型人格理论来理解他人，追求自我成长。九型人格也同样可以应用于养育儿童的过程中，如果加以妥善应用，它就可以帮助父母通过不同的方式来教养不同的孩子，比如用一种方式培养敏感、有艺术细胞的孩子，用另一种方式养育粗犷、豪放、希望征服世界的孩子。问题是，有些教条式的育儿理论说，只有它们的方式才是正确的，别的方式都是错误的，这令许多家长遭受到它们的误导和伤害。

九型人格理论认为，每个人都是独一无二的，但人们的行为模式可以区分为若干类型。九型人格理论虽然看起来很复杂，却趣味盎然。它能帮助我们妥善地处理彼此之间的相似和差别，让我们学会用正确的眼光看待彼此，从而为人际关系注入更多的同情和接纳。通过探讨九型人格理论，父母和老师将学会：

- 理解具有不同人格类型的孩子。
- 了解到各种人格类型其实没有好坏或高下之分。
- 向孩子示范如何利用自身人格类型的内在优势，帮助孩子获得更多的自信和幸福感。
- 向孩子示范如何看见并欣赏自己和他人的才能。（"虽然大卫可能让作业得分更高，但你更有原创思维。你们有不同的优势。"）
- 有些家长或老师会在孩子的行为不符合他们的期待时，感觉自己很失败，而九型人格理论可以帮助他们减轻心理负担。

儿童的九种行为方式

成年以前,我的人格属于第 5 号(观察者),求知是我的动力源泉。我也需要家人和几个玩伴,但我往往在独自一人的时候,才会感觉压力较小。我的大多数朋友和同学都有着和我不同的人格和动力来源。

- 第 1 号:完美主义者——想把事情都做对。
- 第 2 号:给予者——想得到他人的喜欢。
- 第 3 号:实干者——希望自己表现优异。
- 第 4 号:悲情浪漫者——专注于情感、苦难和美。
- 第 5 号:观察者——好奇,想理解一切事物。
- 第 6 号:怀疑论者——寻找安全感。
- 第 7 号:享乐主义者——追求新奇和乐趣。
- 第 8 号:保护者——坚强而精力充沛。
- 第 9 号:调停者——心态平和,回避冲突。

一般来说,成年人已经习惯通过其中一种人格的滤镜来看待世界,很难理解另外八种类型,而孩子的情况却不同。即使孩子有一定的倾向,他们也在不断地改变,并尝试新的行为方式。我的一些同学长大成人后,人格或性格色彩已经和儿童时期有了明显的差别。一个人在长大成人,有了比较固定的人格类型后,便会基于自己的人格类型而选择性地关注孩子身上表现出的一些特质,而忽视其另一些特质。例如,完美主义者类型的父母会重视美德和整洁,给予者类型的父母会重视善良,实干者类型的父母会重视表现能力和竞争能力。我们希望父母能够学会理解并尊重孩子的特殊才能,而不仅仅关注自己所看重的事情,并且支持孩子发展自己的才能和兴趣。

九型人格的历史

九型人格（英文为Enneagram，意思是九芒星）起源于古代中东地区。20世纪70年代，奥斯卡·依察诺和克劳迪奥·纳兰霍采用九型人格理论将人划分为不同的性格类型。人们通过交流彼此的体验，对各自的性格做出划分。这种交流最初在口头上进行，现在也通过书面形式展开。近年来，不仅美国，世界各地的人们也对九型人格理论表现出日渐浓厚的兴趣，九型人格理论被用作心理治疗、家庭治疗以及推动商业发展和精神成长的工具。关注人格差异对社会和个人都有好处。九型人格理论在学校里也有很大的应用潜力，例如，教育界可以从关注学生的民族、国别和种族的差异，转移到关注人类共通的性格差异。一些民间机构和高等院校现在都在提供九型人格课程。关于九型人格理论的著作也层出不穷，呈现出丰富多彩的学科视角。有些著作的内容较为复杂，有些则较为简单。

九型人格理论

九型人格理论认为，我们每个人都具有这九种人格类型中的一些特质，只是侧重点不同。我们有一种主导的人格类型，不过它可能直到我们长大成人后才会定型。随着年龄的增长，我们变得习惯于从一个角度看世界，不过我们依然可以通过模仿其他八种人格类型的积极品质，而变得更加灵活、更加平衡。我们从与主导的人格类型联系最大的四种类型，即我们的"两翼"（也可称之为"翼型"）和"两箭"（也可称之为"箭型"），来开始关于九型人格的旅程。

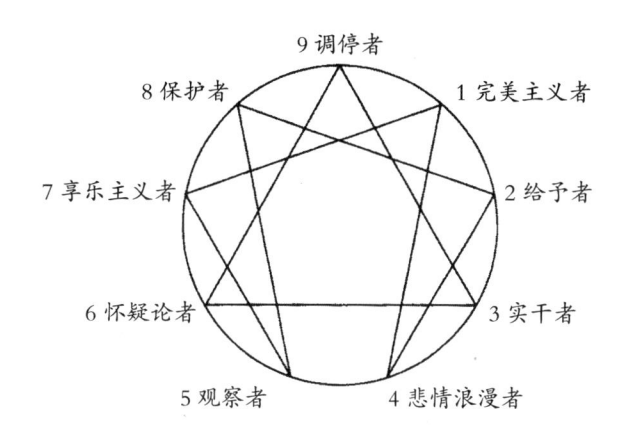

"两翼"是主导的人格类型两侧的类型。

人们有时会无意识地展现出"两翼"或"两箭"人格类型的特点，这能够解释为什么同一种人格类型会有种种不同的表现。例如，向观察者（第5号）倾斜的悲情浪漫者（第4号）可能表现为内向性格，"两箭"是主导的人格类型延伸出来的两条箭头所指向的类型。

而向实干者（第3号）倾斜的悲情浪漫者则表现为外向性格。我们也可以有意识地靠近自己的"两翼"或"两箭"，以强化我们的某些特质和能力。这有助于我们获得更广泛的体验，并帮助我们对所处的环境做出恰当的反应。

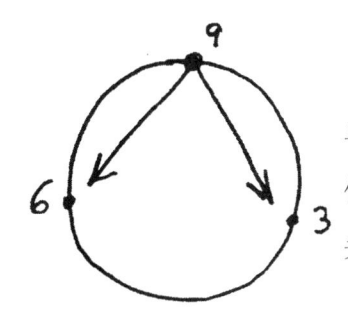

我们可以观察自己的性格特点，并把它作为某种类型的表现。但是，刻板印象也有危险：我们在与他人交往的时候，可能会为对方贴上一个类型标签，而看不到对方的全貌。我们在用九型人格理论养育儿童时，要做的事情和对号入座恰恰相反。我们要加强我们对每种人格类型及其特质的觉察，以帮助我们更深入地感受到孩子的内在本质或精神。我们要学会接纳与我们不同的人格，而且要不停地提醒自己，我们不能用任何理论框架（包括九型人格理论）来把儿童局限住。

（*译者注：在英文中，"sage"兼有鼠尾草和智者的含义。）

我们需要尊重孩子的自然成长过程和发展潜力，因此，我常常把孩子表现出来的外在性格特征称为"风格"，而不是"人格类型"。虽然家长和老师可以观察并理解儿童有什么风格，但孩子的真正人格类型只能由孩子自己在长大成人后发现和确定。

如果你清楚自己是什么人格类型，那么九型人格对你而言就成了活的理论。成年人的人格类型是由自己来确定的，它涉及我们内在的态度、感觉、思想、价值观和个人动机。如果我们试图猜测其他人的人格类型，就很容易出错。例如，恐惧的第6号（怀疑论者）可能试图掩饰其恐惧，而表现得无忧无虑（借用其中一翼，第7号享乐主义者），或表现得很冷静（借用其中一箭，第9号调停者）。因此，请不要试图确定别人的人格类型；你可以做出说得通的猜想，并自己保留这些想法。

关于本书

为人父母者一定要学会准确地观察孩子。九型人格能够使父母对孩子的观察更符合孩子的实际情况。关于九种人格的各章的前半部分主要呈现了该人格的种种表现。每个章节的后半部分叫做"十个常见问题",我在这部分内容中说明了如何在真实的生活情境中应对不同风格的孩子。如果你关心某个特定问题,比如孩子的学习习惯,我建议你阅读本书中所有有关"学习习惯"的内容。在第十二章"二十个其他问题"中,你可以找到关于其他特定话题的信息。九型人格有助于家长放开心态,提出关于孩子以及家长自身的各种问题,然后寻找答案,以发现养育每个孩子的最佳方式。如果你对孩子或家人有严重的疑虑,建议你寻求专业人士的帮助。

无论是孩子还是成人,通常都不会把自身行为固定在一个特定类型里,因此,读者需要阅读整本书。通常,不同的人格有着某些共同之处。为了避免重复,我仅在其中一种人格的章节里说明这个共同特征。每个章节都有一些适于所有孩子的内容。在第十一章"父母和九型人格"中,请看看你能否觉察到你为人父母后的人格类型,以及你儿童时代曾经表现出的人格类型。

作者絮语

我来向你介绍九型人格,以及儿童的九种风格。

我想要和你说说,怎样理解儿童,并帮助他们茁壮成长!

九型人格分为三个主要小组……

第5、6、7号属于"思维三元组",问题在于恐惧。

第2、3、4号属于"情感三元组",问题在于个人形象与人际关系。

我是第5号,观察者。我属于思维三元组,我喜欢各种理论体系,比如说九型人格。

第8、9、1号属于"本能三元组",问题在于愤怒。

现在,我们来看看孩子不同的风格吧!

```
         调停者
           9
 8保护者       1完美主义者

7享乐主义者       2给予者

 6怀疑论者       3实干者
     5观察者  4悲情浪漫者
```

胎儿的九型人格

⑨我能一直住在这里吗？这儿很好、很暖和。

⑧我不喜欢像这样被困在这里。

①我要安睡一整夜，让我爸妈高兴。

⑦让我出去！我要出去看看不同的地方，不同的人！

②我超爱我爸妈！我已经等不及要和他们见面了！

③准备好吧，世界！我就要降临了！

⑥万一我爸妈不喜欢小孩怎么办？万一我的床垫太硬怎么办？万一我不喜欢他们喂我的食物怎么办？

④我已经开始想念待在这里的感觉了。

⑤我在这里做什么？我怎么样才能逃出去？

第二章　完美主义者人格（第1号）

第1号人格的地狱

性格测验

你的孩子是否……

○ 吃完盘子里的所有食物，然后高兴地帮你洗碗？
○ 不抗拒洗手、洗澡？
○ 不用提醒就做家务？
○ 有"万事通"的派头，比如说纠正别人的语法错误？
○ 试图控制其他孩子，但不一定是欺负人？
○ 告诉你怎么做更好，在你懒散时责备你？
○ 对事业和理想感兴趣？
○ 认真对待学校和家庭作业，还批评那些不认真的人？

"两翼"与"两箭"

如果大多数答案是肯定的，那么你孩子目前的行为属于完美主义者人格。孩子长大成人后，可能会依然如此，也可能会发生变化。

完美主义者通常态度认真，且工作努力。他们的"两翼"和"两箭"可以调和这些特性，比如说，让他们放松下来，发挥创造力。

在继续阅读本章之前，请先阅读本书的第一章。

为了知道怎么样才能"正确"地生活，完美主义者常常进行自我批评。

有些具有完美主义者人格的孩子认为，做任何事情都只有一种方法。

谁把纸巾装反了？

几天后……

好！这次他们装对了！

与此同时，在另一个孩子的家里……

真难以置信，他们又把我的吐司抹错了面。

一些具有完美主义者人格的孩子试图让每个人都遵守规则……

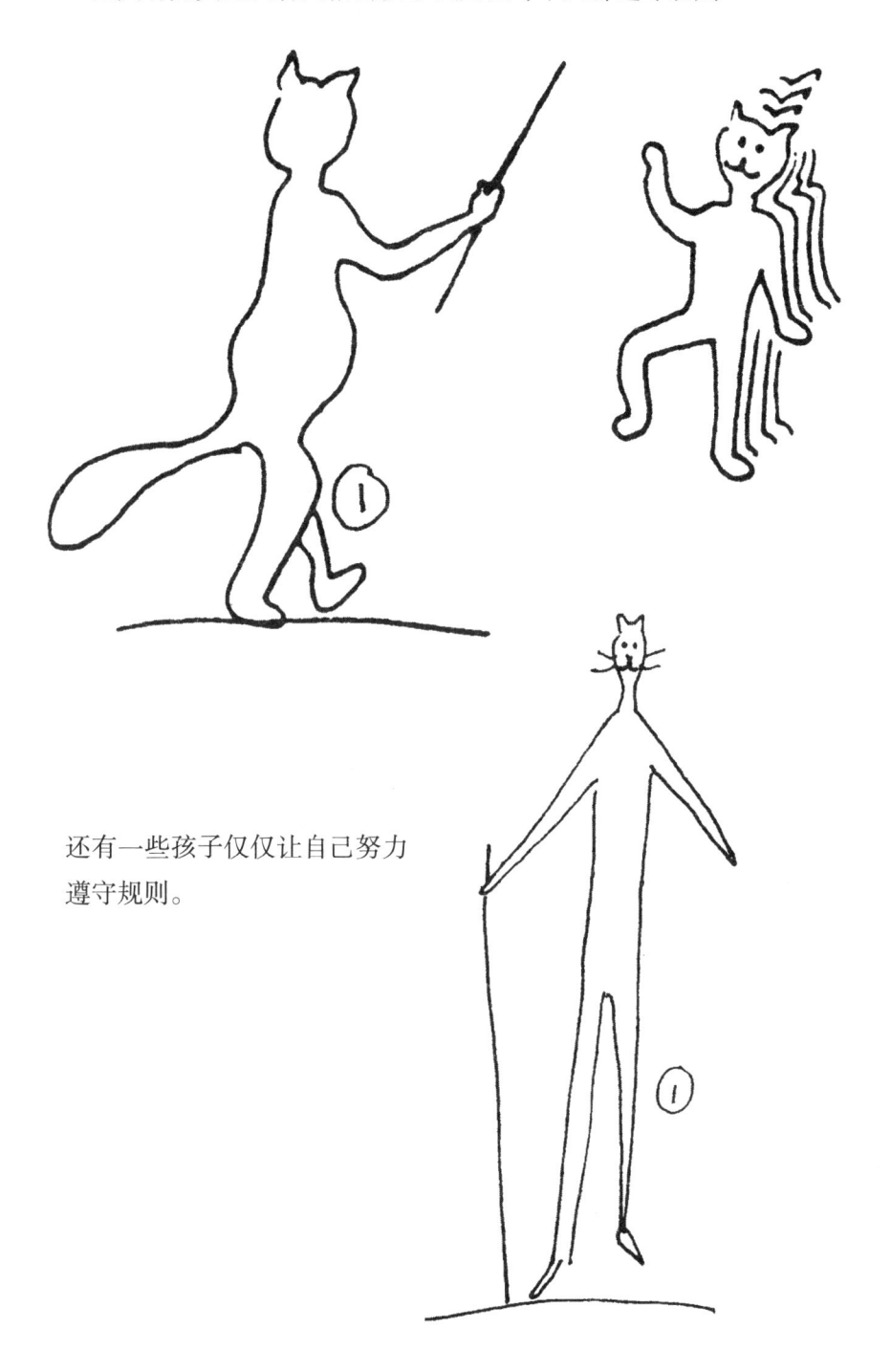

还有一些孩子仅仅让自己努力遵守规则。

凯伦一弹错，她自己就生气。

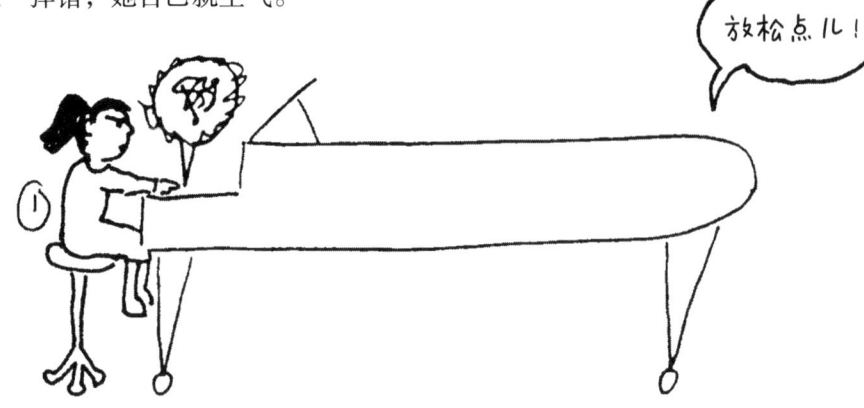

放松点儿！

钢琴金枪鱼*
不把音调到完美状态
绝不罢休。

（*译者注：在英文中，金枪鱼"tuna"和调音师"tuner"的发音非常接近。）

菲多仅用耳朵听完，就会弹奏整首乐曲了。

在最佳状态下，完美主义者善于分析、平衡、秉公办事，且富有逻辑。

玛莎极其有耐心、坚韧不拔，且富有先见之明，早早地教会金鱼怎么样拼写。得益于此，福尔摩斯破获了金鱼谋杀案。

具有完美主义者人格的孩子头脑中有一个理想世界的形象，而且他们力图通过一丝不苟的态度和勤奋的行动来实现这种理想。可是，别人似乎并不像他们一样在意这些，因此他们也害怕流露出自己内心的焦虑与脆弱。处于这种压力下，他们常常压抑愤怒的表达。让这些孩子放松下来，享受乐趣，并发展性格中的创造力，这将对他们的成长很有帮助。

具有完美主义者人格的孩子的十个常见问题

准时上学

对具有完美主义者人格的孩子来说，营造秩序感是一项永无止境的工作。有时候，他们必须先做完某件事，才能出门上学，可能会因此迟到，不过这种情况很少发生。我们与其责备孩子做错了，不如告诉他们如果迟到，他们就会错过学校的活动。利用他们看重公正这一点，让他们想想让别人等待他们是否公正。此外，还得小心不要让孩子一路上都感到内疚。

一些具有完美主义者人格的孩子注重原则、道德和伦理，而另一些有完美主义者人格的孩子则注重严谨、整洁和干净。前者考虑怎么样通过政治或理想主义来拯救世界，而不是那么在意准时。

学习习惯

具有完美主义者人格的孩子会因为想要表现优异而感到有压力。他们往往会焦虑，并感觉胃痛和头痛。你可能都用不着担心他们不学习，还得让他们不要过于看重学习。他们需要学会适度学习，以及自我调节的技能。避免唠叨孩子，因为具有完美主义者人格的孩子已经对他们自己要求很苛刻了。

> 具有完美主义者人格的孩子除了参与学习活动之外，每天都要参与一些愉快的、没有竞争性的活动，这对于他们来说很重要。

我在给你做篮子。

礼貌

具有完美主义者人格的孩子可能会担心自己不够礼貌。他们害怕暴露出自己的愤怒,还可能会把诚实地袒露情绪感受误认为是粗鲁的表现。父母要为他们创造表露心声的机会,并帮助他们认识到表露情绪感受对幸福的重要性。

与人相处

具有完美主义者人格的孩子通常态度严肃认真,可能不喜欢与鲁莽或淘气的孩子在一起。与其总让他们参加知识性或技能性的活动,不如鼓励他们参加非竞争性的活动,如露营和话剧表演。

> 嫁给我吧,让我们红尘做伴,一起征战天下!

每天预留一些空闲时间,让孩子享受乐趣(具有享乐主义者人格的孩子不需要这种提醒)。如果你的孩子十来岁,那么你可以邀请他和你一起做些放松的事,比如散步、园艺和游泳。

做决定

有些决定需要根据个人的一时冲动或感觉，做出主观的选择；有些决定则需要根据规则或理性，做出客观的选择。具有完美主义者人格的孩子更擅长后者。他们可能会过于注重做"对的"事情，以至于变得太过死板。家长要鼓励孩子在做决定时拥抱自己真正想要的东西，而不仅仅是觉得自己应该想要做什么。

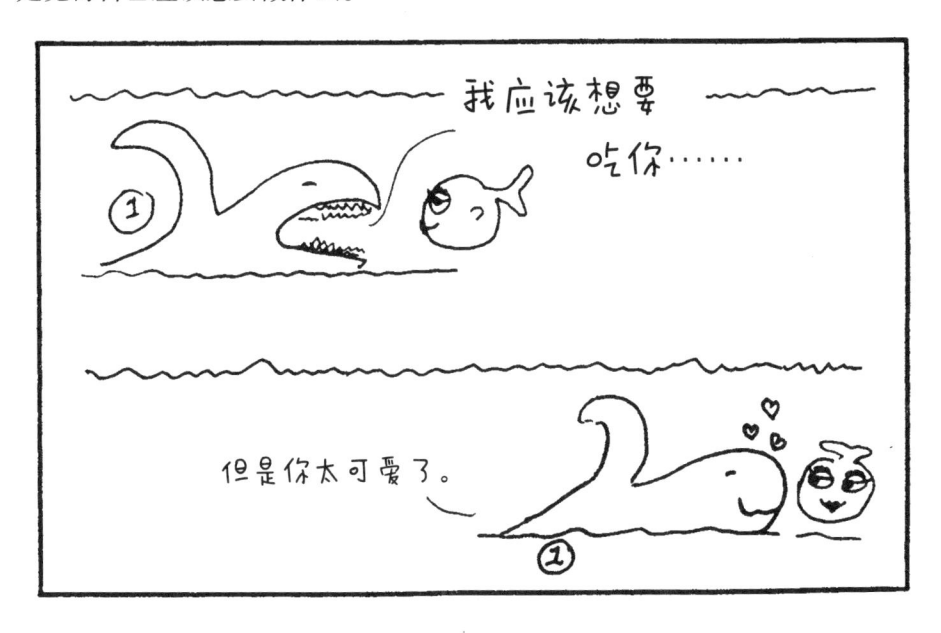

当具有完美主义者人格的孩子执意要做家长不赞同的决定时，家长可以给他们提供一些备选方案，而不是只给他们规定唯一一种正确的做法。这将让他们知道你能接受哪些选择，并将他们的受挫感降到最低。

睡眠和饮食习惯

我们生活中的大部分时间都在睡觉和吃饭，所以在做这两项活动时一定要让孩子尽可能地没有压力。孩子睡不着的时候就关掉灯、命令孩子睡觉在孩子看起来有失公正。要么让他们和家人熬一会儿，要么让他们自己在房间里或床上静静地玩一会儿，直到入睡。不要强迫孩子吃他们讨厌的东西，可以用简单的三明治或麦片代替不喜欢的食物。适当地妥协（早餐不能吃薯片，但鸡蛋不是非吃不可）不会惯坏孩子。

温和地鼓励家庭成员彼此倾听，不抢着说话，让用餐过程更加愉快。不要把这当成硬性规定，即使只有大人这么做，也是个良好的开端。具有完美主义者人格的孩子往往愿意学习礼貌，不过如果某个孩子表现不好，那就让他挨着大人坐，或者让他去别的房间自己一个人吃饭。要积极地关注孩子。从前，我父亲边吃饭边看报纸的时候，我常常感到被忽视。家人在一起吃饭时，要享受这种彼此陪伴的时间，而不只是关注完美的餐桌礼仪。

捍卫自我

具有完美主义者人格的孩子很有主见，有很强的正义感和道德感，不容易受人摆布。然而，他们可能会过犹不及，过于执着于自己的立场。家长应该鼓励他们想一想，持相反观点的人可能会有什么感受。

行动力

具有完美主义者人格的孩子通常精力充沛，有动力去锻炼技能，完成工作。

不久后，等我练好，昆虫也跑不了！

熟能生巧。卡伦很快就能自己射中食物了。

狙击手射水鱼

情绪成熟*

（*编者注：情绪成熟是描述个体情绪稳定、情绪控制能力良好的状态，情绪成熟也是心理成熟的一大表征。）

具有完美主义者人格的孩子往往会把自己局限在分析性视角中，几乎没给发挥创造性或感受情感留出空间。家长可以让这些孩子接触艺术课程，比如舞蹈、指画、击鼓——形式越自由，就越能让他们放松。带具有完美主义者人格的孩子去看各种各样的电影，和他们一起看卡通片和喜剧节目。向他们表明，犯错是可以被允许的，甚至是必需的。你如果自身就是具有完美主义者人格的家长，那么可能会觉得这么做很难。

责任心

家长需要注意的是，不要过于依赖具有完美主义者人格的子女的乖巧和帮助，因为这会剥夺孩子玩耍和体验童年的机会。

父母在养育具有完美主义者人格的孩子时，会面临一种诱惑。这种诱惑就是给孩子施加压力，让孩子表现得更好。这样做会取得良好的成果，让父母自我感觉在养育子女方面表现良好。具有完美主义者人格的孩子容易对自己很挑剔，父母需要用积极的态度对待他们，以增强他们的自尊心。鼓励他们享受玩耍，做自己真正喜欢做的事，向他们介绍童话故事和不完美的世界，如傻瓜和女巫。教会孩子优雅地承认错误、失败和过失。如果你能接纳自己的挫败经历，就能减轻孩子的压力。

安·伍德沃德

安十岁的时候，每当邻居开车路过她家门前时，她都会记下人家的车牌号码。

第三章　给予者人格（第2号）

性格测验

你的孩子是否……

○ 经常把别人的愿望放在第一位，很少提出自己的需要？

○ 感情容易受到伤害？

○ 喜欢接近有问题的人，给他们提建议？

○ 知道怎么样通过帮助或赞美别人，来让别人服从自己的意愿？

○ 最喜欢和别人黏在一起？

○ 通过取悦他人或炫耀来获得关注？

○ 努力在学校好好表现？

○ 似乎不需要人说，就知道别人想要什么或需要什么？

"两翼"与"两箭"

如果大多数答案是肯定的，那么你孩子的行为目前属于给予者人格。孩子长大成人后，可能会依然如此，也可能会发生变化。

> 小的时候，我的第2号人格特征特别明显——尤其在救助小动物方面。

在继续阅读本章之前，请先阅读本书的第一章。

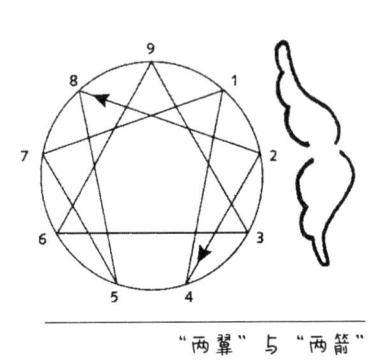

具有第2号人格的孩子喜欢为别人做事。

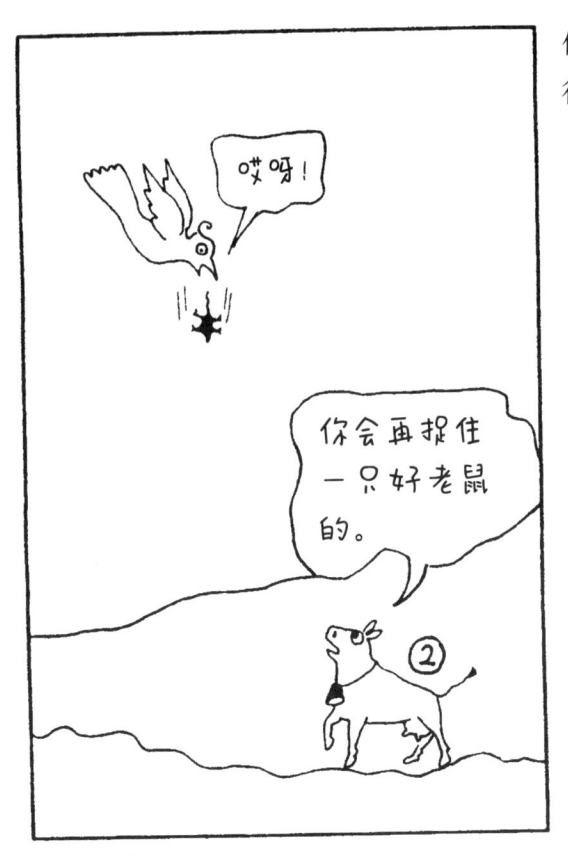

他们可能会
很善良……

哎呀！

你会再捉住
一只好老鼠
的。

还会帮助
有需要的
对象。

妈咪！

具有第2号人格的小家伙们很喜欢与人交往。

他们支持并保护所爱的人。

当具有给予者人格的孩子的人际关系出现问题时，他们会感觉自己遭到了背叛和拒绝。

29

具有第2号人格的孩子通过这样做来得到爱和认可，如

好好表现，

"你穿粉色更好看。"

给出好建议，

"想要拖鞋吗？"

帮助人们感到舒适，

卖萌。

有时候，他们喜欢转换自己
的状态，免得总想着别人。

他们受够了当好人、说好话。
取悦他人需要精力，这些精力可以用来
充实和探索自我。他们这样做的时候，
会感到更加平衡：

独自思考，

进行创造性活动，

"给我来两条鲑鱼。
记住，要两条！"

表达更加
自信和直接。

具有给予者人格的孩子的十个常见问题

准时上学

具有给予者人格的孩子一般都想好好表现，按时到校。不过，对很多此类孩子来说，救助路上发现的流浪小猫是头等大事。如果这种情况不是经常发生，那么希望老师能将这种行为视为一种美德。

只有 **你** 才能救我！

学习习惯

与其他类型的孩子相比，具有第 2 号人格的孩子更希望在放学后继续与同学互动，而不想自己埋头做作业。如果可能的话，可以让他们放学后马上开始做作业，完成作业后再奖励他们休息时间。如果和朋友分开让他们感觉太痛苦，那么可以让他们和朋友一起做作业，或者定期让他们晚一些做作业。由于具有第 2 号人格的孩子很敏感，想要取悦他人，所以对待他们的方式尽量要前后一致，时间安排得有条理，而且尽量不要用过于严厉的方式对待他们。

礼貌

大多数具有给予者人格的孩子都表现良好，彬彬有礼——至少表面看起来如此。对那些容易激动和寻求注意力的孩子，我们可以想出一些建设性途径来释放他们的能量，并在开车带他们出去或乘公交前准备一些占据他们精力的活动。给他们设定一些规则，如不准拿别人的东西、不准打人。除了这些之外，家长可以慢慢教他们学会礼貌。对于某些具有第 2 号人格的孩子来说，不听话可能是一个积极的信号，表明他们敢于面对他人的不赞许。

具有第 2 号人格的孩子可能会隐藏自己的敌对情绪，或否认存在这些情绪，甚至在他们表达出这些情绪的时候，依然不承认它们的存在。如果有人指出，具有第 2 号人格的孩子做某些事的动机是为了发泄愤怒，这些孩子可能听不懂这个人在说什么，或者可能会情绪崩溃。家长要让这些孩子慢慢地知道，无论是他们还是别人，适度地表达愤怒都是可以被接受的。告诉他们，生气是被允许的。

睡眠和饮食习惯

不管养育什么风格的孩子，都要避免在睡眠和饮食方面引起严重冲突。如果孩子有睡眠问题，或者有夜惊，家长要拥抱并抚慰他们。如果孩子挑食，那么家长要相信挑食现象会随着年龄的增长而得到改善。不要通过批评孩子、盯着孩子吃饭、饿孩子来干预孩子的饮食。如果问题长期存在，那么家长就要寻求专业人士的帮助。

孩子受到困扰或感到害怕的时候，可能会用饮食或过量睡眠来进行自我抚慰。如果孩子有这些表现，那么家长要仔细研究孩子为什么感到担心、纠结或悲伤。如果你难以敞开心扉来面对孩子的这些情绪感受，那么你可以和朋友或心理咨询师谈谈。

与人相处

有些具有第 2 号人格的孩子是社交小能手。

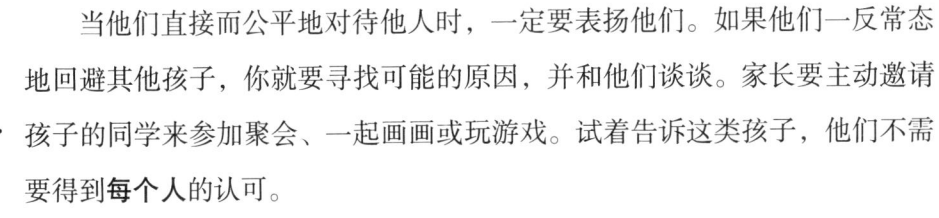

然而，他们可能有操纵别人、过度控制或专横的倾向。

当他们直接而公平地对待他人时，一定要表扬他们。如果他们一反常态地回避其他孩子，你就要寻找可能的原因，并和他们谈谈。家长要主动邀请孩子的同学来参加聚会、一起画画或玩游戏。试着告诉这类孩子，他们不需要得到**每个人**的认可。

捍卫自我

大多数具有给予者人格的孩子的性格都很外向，希望赢得别人的好感。家长要认真对待他们的意见，表达出对他们的信心，以帮助他们变得更加自立且自信。有些孩子很容易屈服于别人的想法，但有些很有勇气，而且有时很擅长说服别人。

做决定

具有第 2 号人格的孩子经常会做一些与自己的真实愿望相违背的事：他们可能在等着看其他人会做什么，或者做他们认为别人会喜欢的事情。家长可以询问他们喜欢什么口味、颜色和气味，来帮助他们了解自己的喜好。举个例子，阿特和丽贝卡一起玩游戏，在这个游戏中，所有家庭成员都在场，并捍卫自己对特定主题的观点。游戏主题可以是新闻时事、一起看过的电影或者某些好玩的话题。经常玩这个游戏能够帮助具有第 2 号人格的孩子玛吉提升她的决断力，让她更具独立性和自信心。

行动力

具有第 2 号人格的孩子的动机常常来自想要和其他孩子在一起。家长可以试着鼓励孩子参与一些社交活动以外的其他活动。比如：家长可以带有第 2 号人格的孩子参观一些工作场所，你或你朋友的办公地点都可以；带孩子一起去树林里或海滩上散步，单纯地享受大自然，而不说话；让他们参加有趣的课程，带他们参观各种各样的博物馆、水族馆和其他景点。

情绪成熟

具有第 2 号人格的孩子生活在充满人际关系和情感的世界里。对他们来说，被别人喜欢极其重要。家长可以告诉这些孩子，世界和不同事物是如何运作的，让他们不只关注别人的看法。如果你不接受他们的情感表达，他们可能会觉得你不爱他们，所以要倾听并认真对待他们的感受。

这些孩子需要大量的支持。如果他们在家庭内部得到足够的认可，就不需要用不健康的方式去外界寻求认可。试着从他们的角度来看待人际冲突，并鼓励他们直接说出自己的想法。

第 9 号调停者会从各个角度看问题，是天生的调停者。第 2 号给予者与第 9 号不同，往往一次只能关注到一个人。具有给予者人格的孩子会调整自己的个性，来适应眼前的人。尝试同时与几个人相处会让他们感到困惑和有压力。因此，要定期安排一些时间让这些孩子和父亲或母亲单独相处。

为了帮助具有第 2 号人格的孩子接触、理解现实世界，家长要丰富他们的成长环境，让他们从体验中学习。这些孩子很容易陷入否认现实的状态，当现实情况并不完美的时候，他们仍然认为一切都是完美的。你可以温和地向他们指出事物的另一面，鼓励他们看清自己可能一直在否认的东西。如果你的孩子频繁地暴怒或歇斯底里，那么你就要寻求外界帮助。

责任心

具有给予者人格的孩子通过做自己喜欢做的事情来锻炼责任感：照顾宠物、安抚朋友、试着帮助别人解决问题。

他们很擅长读懂别人。他们可能利用这种能力做好事，也可能会利用这种能力来得到自己想要的东西。家长可以亲自示范怎么做事才算直截了当，以防孩子通过读心术来操纵别人。比如说，要让贝蒂知道，你之所以让她去佩妮家包装礼物，是因为你真的觉得这是个好主意，而不仅仅是出于她的小手段。

有些风格的孩子，尤其是具有第 2 号和第 3 号人格的孩子，会更加关注别人对他们的看法（外在形象），而不那么关注自己的真实想法或感受。如果你的孩子是第 2 号人格，而你不是，那么请努力接受你们之间的差异，并做好准备以帮助你的孩子培养属于他自己的价值观和个性。

毯子的九型人格

第四章 实干者人格(第3号)

性格测验

你的孩子是否……

○ 坚持完成任务？
○ 经常成为老师的宠儿？
○ 能很好地融入社交场合？
○ 喜欢干净、整洁、穿着得体？
○ 精力充沛，但也会因为做太多事情而过度疲劳？
○ 有很多种能力和兴趣？
○ 思维敏捷、高效？
○ 大部分时间看起来都很乐观和自信？

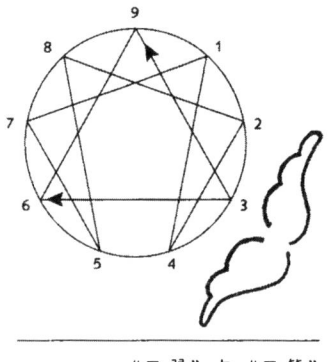

"两翼"与"两箭"

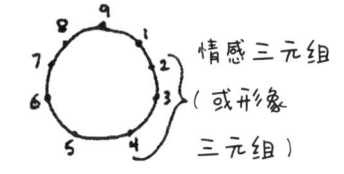

情感三元组（或形象三元组）

如果大多数答案是肯定的，那么你孩子目前的行为属于实干者人格。孩子在长大成人后，可能会依然如此，也可能会发生变化。

在继续阅读本章之前，请先阅读本书的第一章。

具有第3号人格的孩子总是很忙碌、很活跃。

送给我的甜蜜爱人♡

我带着满满的能量爱你。

因为，亲爱的，我是第3号。

你看，如果你有800开头的电话号码，我们两个都可以节省很多时间。

他们将自己的成就归功于务实和坚持。

"告诉妈妈，我是卖出饼干最多的女童军！"

他们喜欢别人为他们感到骄傲。

他们有能力激励、指导以及说服别人做事情。

"我们看看谁做的柠檬水最多。我来招揽顾客。"

具有第3号人格的孩子立志高远。

明天,我们要在那边造一个更大的城堡!

很多人
极其注重
良好的外在形象，

以及拥有具备
良好外在形象的朋友。

鼻涕虫，如果想和我一起爬，你就必须长出壳来。我特别注重形象。

因此，他们会追逐潮流。

你喜欢穿着旧衣服出来逛吗？

具有实干者人格的孩子在任何地方都能看到机会。他们只能成功，不能失败。

我知道我一定会成功的，因为我一直在体育馆锻炼！

救命！

救命！

如果弗雷迪遭遇失败，他无论如何都会找到出路，化失败为转机。

具有实干者人格的孩子会因长期的努力、竞争和保持"状态在线"而感到有压力。他们认为放松就是懒惰，所以家长要鼓励他们把放松看作维持健康的必做任务之一。

让这些孩子知道，他们是被爱着的，他们原本就是可爱的，不是必须赢得赞扬才可以被爱。家长需要花时间滋养他们的情感世界，鼓励他们建立有意义的友谊。

第3号人格的核心问题是诚实。他们的问题是不承认自己的个人情感世界和真正重视的事项而过度重视自己的外在形象。家长可以通过重视孩子的内心世界，帮助孩子发现自己真正关心的是什么，鼓励孩子树立自己的原则，以平衡他们追求外貌赞美的倾向。

具有实干者人格的孩子的十个常见问题

准时上学

具有实干者人格的孩子通常在学校表现积极，希望准时到校。如果他们有迟到问题，那么可以看看孩子与老师及同学相处如何。这可能需要你的坚持，因为孩子有时候不愿意说出自己的困难。

为了让早晨变得更轻松，可以让他们在前一天晚上收拾好书桌，完成一些任务。从初中开始，他们可能需要为了临考复习或梳妆打扮而早起。

学习习惯

具有实干者人格的孩子希望自己出类拔萃，却可能会寻找捷径，或者贪多嚼不烂。他们清晰的思维和组织能力使他们能够很好地完成学业。他们希望被老师喜欢、被老师视为特别的人，但他们偶尔也会因为行为傲慢或武断而惹上麻烦。

阿莉在高中的时候，每天为自己打包两份午餐，一份中午吃，一份晚上吃，因为她在学校活动很多，一直持续到夜里。格蕾丝上六年级时就决定自己要上大学，那个时候，大家就预料她将得到博士学位，后来她确实得到了博士学位。

礼貌

具有实干者人格的孩子通常会自己学习良好的举止表现，因为他们想给别人留下好印象。马克第一次参加高中体育颁奖晚宴时，他担心的是如何才能不让鸡肉和菠菜粘在牙齿上，也不让意大利面酱沾到洗得干干净净的脸和白衬衫上。

> 欢迎来到第3号人格俱乐部的成功课堂✲✲
>
> 每周一放学后举办的科目包括：
> - 与成功人士搭话进阶课程
> - 怎样打嗝不会发出声音
> - 最新时尚穿搭
> - 以及更多精彩内容……

与人相处

具有实干者人格的孩子通常是受欢迎的领导者。他们认为，其他人应该像他们一样，或者想要做到像他们一样，而且很难理解那些不像他们的人。如果他们不能轻而易举地得到别人的接纳，就可能感到备受打击，甚至不愿意再公开地努力。他们通常有很多熟人。家长要鼓励他们珍惜并培养亲密的友谊。

如果你本人是内向性格，而你的孩子是第3号人格，那么你要记住，孩子需要保持积极活跃的状态，并在意做事的结果。当有任何事情妨碍到他们的时候，他们就会烦躁不安。家长要尽量避免贬低他们取得的成就，也不要惊讶于他们为什么非得出类拔萃、受人认可。家长要欣赏孩子对成就的重视，而不是只欣赏孩子取得的成就本身。

睡眠和饮食习惯

具有实干者人格的孩子精力充沛，该睡觉的时候可能不想睡觉。家长可以每天给孩子读一些安静的故事，帮助他们在晚上放松下来。

这些孩子想要健康、健美，通常愿意吃有益的食物。家长尤其要尽量营造良好的用餐氛围，让具有第3号人格的孩子享受家庭团聚的乐趣。吃饭和睡觉的时间应该尽可能地愉快，免除压力；家长可以问问自己，有没有对孩子太严格，或是不够有条理。如果你对孩子的饮食习惯有严重担忧，请寻求专业人士的帮助。你还可以阅读第十二章"二十个其他问题"中关于饮食失调的部分。

捍卫自我

具有第3号人格的孩子通常擅长运用语言和社交技能进行自我推销和自我展示。有些孩子会竭尽全力地取悦别人。这些孩子需要别人提醒他们应该努力地让自己开心。当他们不能按自己的想法做事的时候，可能会说话越来越大声，直到他们得到别人的关注。

做决定

具有第3号人格的孩子不喜欢浪费时间，通常会非常果断和独立。他们喜欢先把正事处理好，再做其他事。

行动力

你不可能把松鼠困在地面上，尤其在林木茂盛的地方。

——弗雷德·艾迪生
俄克拉何马州，赫文纳市

有些父母可能认为，具有第3号人格的孩子的精力过于充沛、意志过于坚定、上进心过于强烈。父母需要鼓励孩子在感到有压力的时候放松下来，并为孩子准备一些重复性、非竞争性的缓和活动。

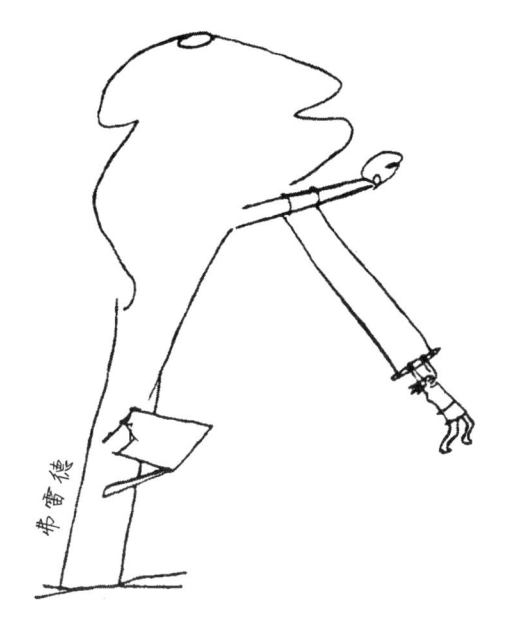

情绪成熟

具有实干者人格的孩子认同大众和社会文化，可能会过度受到他人的影响。家长可以经常问一些关于个人价值观的问题，帮助他们回归自我，比如："你喜欢什么？你最喜欢哪一个？"鼓励孩子发挥创造力，为某项事业而努力，帮助他人。如果你身为家长也是第3号人格，那么请你尽量不要吹捧孩子，或者炫耀孩子，这样会强化孩子的第3号特质，而不能使孩子更加平衡。家长要做的是，关注具有第3号人格的孩子的内心感受，体会他们的内心世界。

责任心

具有第3号人格的孩子通常专注于实现目标,但有时会因为太过专注于自己的目标,而无法履行其他义务。

父母可以强调亲情和互相照顾的重要性,来帮助孩子看到他还有其他责任。家长可以给这些孩子分配一些任务,比如照顾宠物。

如果你不是很有条理,那么就努力适应你具有第3号人格的孩子,帮助他们,使他们的生活运转得更顺畅,更高效。

第五章　悲情浪漫者人格（第4号）

性格测验

你的孩子是否……

○ 感情容易受到伤害？
○ 渴望看起来与众不同？
○ 想要一个装满盛装的衣橱，或者已经拥有一个这样的衣橱？
○ 喜欢探寻灵魂的深处，或参与幻想游戏？
○ 很有戏剧感，包括悲剧感和喜剧感？
○ 欣赏艺术，喜欢收集美丽的珍宝？
○ 用富有创造性的方式看待事物？
○ 有时看起来有点儿抑郁或忧郁？

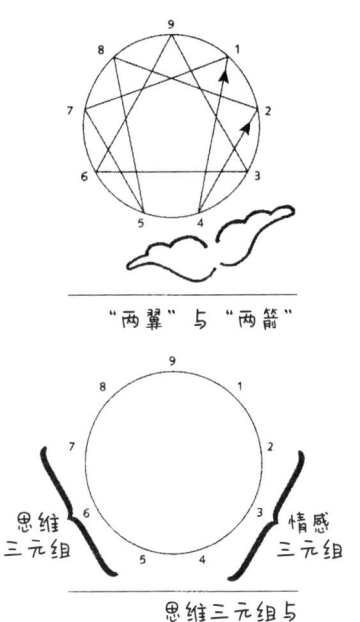

"两翼"与"两箭"

思维三元组与情感三元组的交界处

如果大多数答案是肯定的，那么你孩子目前的行为属于悲情浪漫者人格。孩子在长大成人后可能会改变，会更倾向于认同另一种主导的人格类型。

我对我的翼型第4号有强烈的共鸣。虽然给别人"贴标签"是不好的做法，但是依然有人错误地认为我是第4号。

伊丽莎白

在继续阅读本章之前，请先阅读本书的第一章。

具有悲情浪漫者人格的孩子觉得日常生活枯燥乏味。

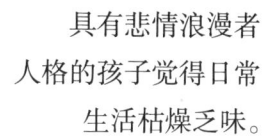

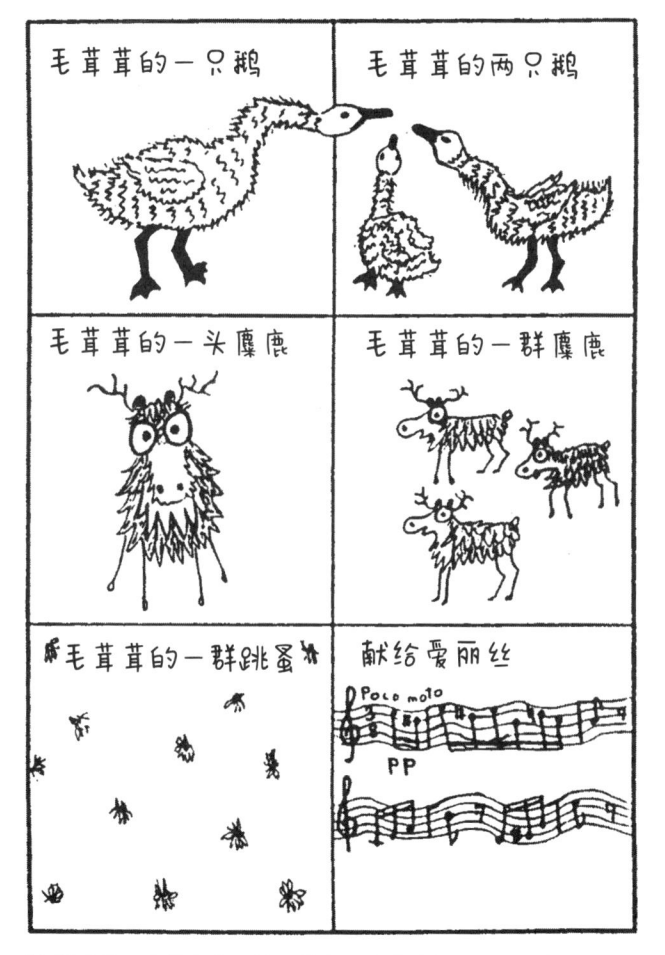

④

毛茸茸的一只鹅	毛茸茸的两只鹅
毛茸茸的一头麋鹿	毛茸茸的一群麋鹿
毛茸茸的一群跳蚤	献给爱丽丝

他们更喜欢参与或体验戏剧、舞蹈、艺术和音乐,这能给他们带来兴奋感。他们也喜欢电影,欣赏美丽事物的纯粹和美好,喜欢天马行空的想象,喜欢迷人、神秘、不可预知的事情。

一个具有音乐和艺术才能的孩子写下了旁边的小诗,题目叫做《毛茸茸的鹅》。

(＊译者注:在英文中,鹅、麋鹿、跳蚤的复数形式与爱丽丝押韵,毛茸茸与献给押韵。)

57

虽然具有第4号人格的
孩子通常都友好而温暖，
但是他们有时候
也会感到害羞、孤独……

被自己的
情绪压垮……

不确定自己是否有归属感。

宠物秀

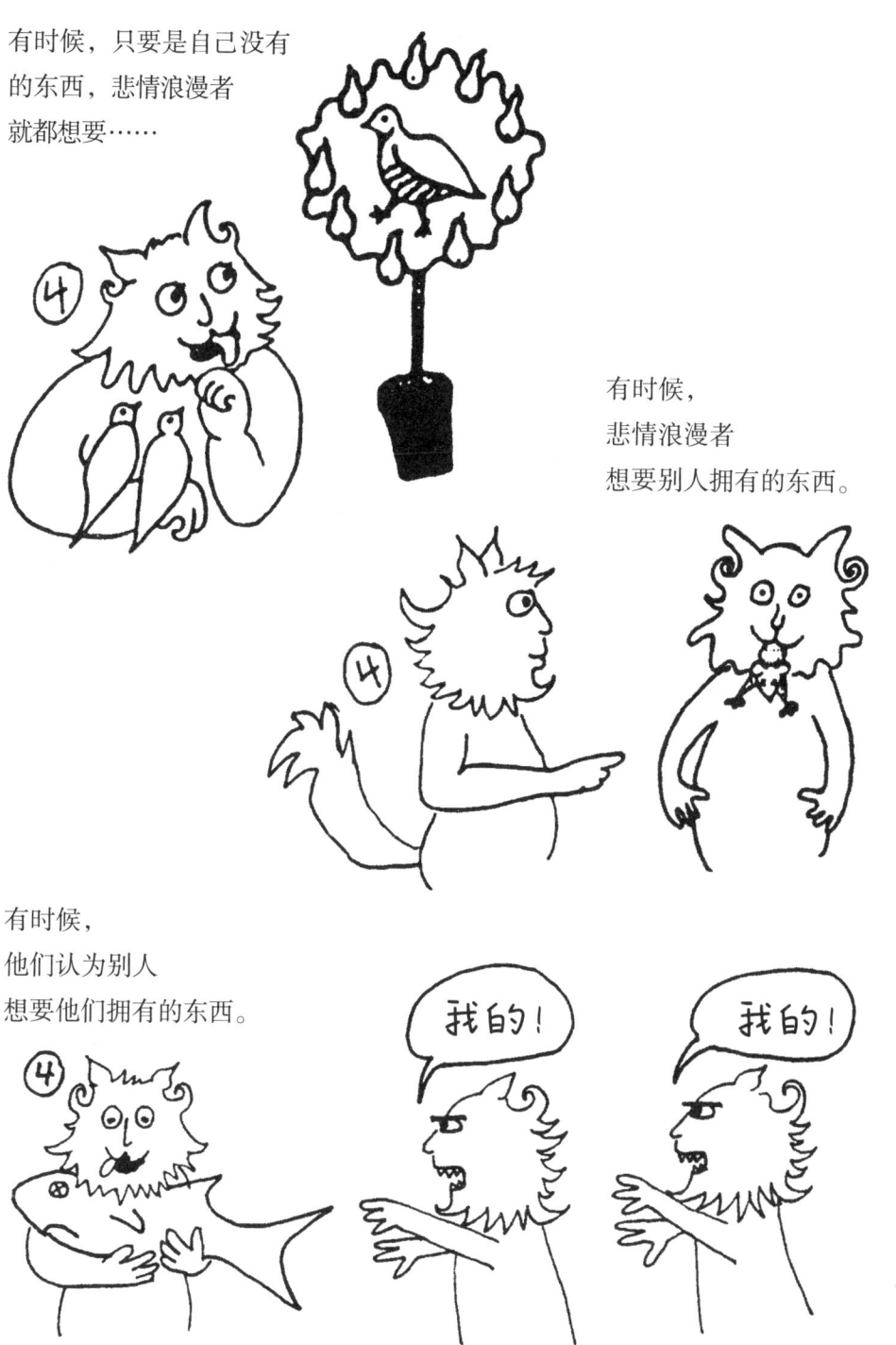

有时候，只要是自己没有的东西，悲情浪漫者就都想要……

有时候，悲情浪漫者想要别人拥有的东西。

有时候，他们认为别人想要他们拥有的东西。

我的！　　我的！

就像猫

　给某些地方

　　赋予特殊

　　　　意义一样……

具有悲情浪漫者
　人格的孩子能在
　　其他人忽视的事物里
　　　发现特殊含义。

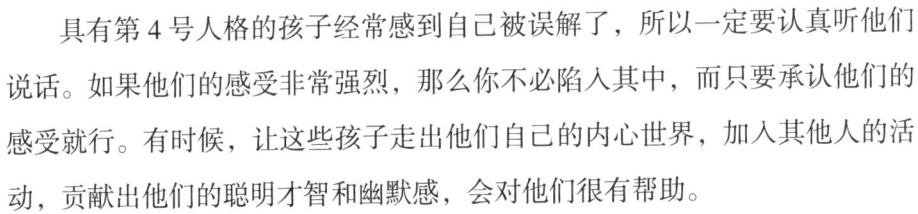

具有第 4 号人格的孩子的感情很细腻。如果别人对他们发火，他们会感到非常羞耻。

他们渴望与灵魂伴侣拥有心灵深处的联结。

具有第 4 号人格的孩子经常感到自己被误解了，所以一定要认真听他们说话。如果他们的感受非常强烈，那么你不必陷入其中，而只要承认他们的感受就行。有时候，让这些孩子走出他们自己的内心世界，加入其他人的活动，贡献出他们的聪明才智和幽默感，会对他们很有帮助。

具有悲情浪漫者人格的孩子的十个常见问题

准时上学

在具有第4号人格的孩子里,偏内向的那些孩子比较害羞,不能长时间与人相处,觉得上学很可怕。外向的那一小部分则性格开朗,期待得到老师和同学们的喜欢。具有悲情浪漫者人格的孩子可能会被情绪左右。我认识一个具有悲情浪漫者人格的四岁男孩,他打算长大后和幼儿园的小朋友结婚。当那个小女生的家搬到几英里外时,他伤心欲绝,哭了一整夜。不用说,他第二天上学迟到了。

具有第4号人格的孩子如果早上发现鞋子放错了位置,就可能会情绪崩溃到歇斯底里,因此,要在前一天晚上就把衣服摆好(如果孩子还很小),并把作业准备好。具有第4号人格的孩子还会由于感觉受到冷落、与朋友吵架或轻微的抑郁而磨磨蹭蹭。有的孩子难以适应周一早上,他们通常在这时感觉最困难,也最容易肚子痛。如果你的孩子有这个问题,你可以建议他到了学校之后给你打电话,以此来缓解他的压力。

学习习惯

如果具有悲情浪漫者人格的孩子不想做作业,那么要探究其行为背后的原因。家长需要给孩子留出足够多的学习时间,以免孩子需要花额外的时间来抚慰受伤的情感,或平复坏的情绪。

孩子在家里或学校里遇到了什么问题或困难吗？家长要采取良好的沟通方式，让具有第4号人格的孩子自在地说出他们的烦恼。由于他们会用多种方式表达自己的感受，而不仅仅通过口头诉说，所以家长要学会读懂不同的表达方式。

具有悲情浪漫者人格的孩子可以在学校通过戏剧、乐队、艺术课和创意写作来释放他们的创造力。例如，霍华德即使写报告，也总是很押韵。

礼貌

具有悲情浪漫者人格的孩子通常态度顺从，不想冒犯别人。然而，他们如果得不到欣赏，就可能会感到不满，变得咄咄逼人，或说一些刻薄话。家长要让这些孩子知道，他们必须遵守哪些礼貌准则。然而，如果有人违反了他们强烈认同的某条原则，他们将无法隐藏自己的感受。家长可以把这视为孩子的一种优势，并帮助孩子找到合适的表达方式来表现这些差异。

与人相处

具有悲情浪漫者人格的孩子往往会对别人有强烈的好恶感。他们渴望有一个特别的灵魂伴侣，来分享他们的内心世界。虽然他们会对亲密的朋友非常热情，乐意付出，但如果他们有了嫉妒心，就可能会采取敌对态度。举个例子，大卫总是认为朋友的假期比他自己的假期快乐得多。

如果具有第4号人格的孩子性格孤僻，就不要让他突然进入新的社会环境。举几个例子：苏西不喜欢看望不熟悉的人，她会待在爸妈的车里，避免见到陌生人；不过，另一个孩子约翰只要有父母陪着，就能克服最初的恐惧。父母要记住，内向的孩子需要限制社交时间，在这个方面，孩子需要你们的理解。不要指望内向的孩子在学校待一天后，还能参加童子军活动，然后再和朋友相伴回家。

具有第4号人格的丹尼讨厌粗野的游戏，却喜欢关于英雄的浪漫故事。

他的表弟伊森是个活跃的孩子，两人曾经很难玩到一块儿去。有一天，伊森把丹尼的骑士故事表演出来：伊森四处奔跑、击剑、屠龙。现在，两兄弟再也不会不知道怎么一起玩了。

睡眠和饮食习惯

情绪反应会影响具有第4号人格的孩子（以及所有孩子）的睡眠和饮食。

家长可以尝试和孩子谈谈心。孩子还小的时候，有时不清楚自己有什么感受。家长可以和孩子聊聊当天发生的事，说一说自己的感受，孩子可能会产生共鸣。讲睡前故事此类的仪式对这些孩子来说意义非凡。

对这些孩子而言，在睡眠和饮食方面感到平静和安全具有很重要的意义。如果家人在吃饭的时候传递出紧张的情绪，那么孩子会觉得饭菜难以下咽。家长在向孩子解释家庭情况时，一定要清楚地让孩子知道，家庭问题不是由他们造成的。家长可以观察孩子，看看孩子能够在多大程度上适应条理化的生活。

妈妈，如果你困得不想听睡前故事了，就先睡吧。

捍卫自我

具有悲情浪漫者人格的孩子有崇高的原则，经常想要拯救世界。他们中比较外向的那部分孩子喜欢参与竞争，坚定不移地维护自己的信念。然而，有些孩子则很害羞，会退缩、封闭自我，或者偷偷溜到一个私密的地方。家长可以帮助他们树立自信，提升自尊程度。如果孩子自己做不到捍卫自我，那么家长就得站出来支持他们，并随着孩子长大而逐步降低保护的程度。

做决定

具有悲情浪漫者人格的孩子通常价值观鲜明，知道自己喜欢什么。然而，如果他们忘记了自己，可能是因为他们在试图取悦别人。通常情况下，他们重视并依赖自身的感觉或直觉反应。

行动力

虽然具有悲情浪漫者人格的孩子可能会懒散或神游，但是当他们的原则面临威胁，或者亲密的朋友需要他们，再或者有令他们兴奋的创意思路时，他们通常都能够振作起来，采取行动。有些孩子会主动置身于刺激的环境中，只是为了感受肾上腺素的飙升，让自己感觉更有活力。还有很多孩子因为太害怕而不敢这么做。

情绪成熟

具有悲情浪漫者人格的孩子能敏锐地感受到，父母希望他们有某些特定的表现（通常而言，父母希望孩子效法自己），从而感到有压力。父母要善于发现孩子个性中微妙、复杂的部分，尊重孩子的个体差异，以帮助具有第4号人格的孩子建立自我意识。

具有第4号人格的孩子有着强烈的感情。如果家长本身难以适应强烈的情感表达，就要努力理解孩子对情感互动的需要，在当下用心倾听孩子。孩子会感谢你帮助他们渡过难关。如果激烈的交流过程让你感到不安，那么你要诚实地告诉孩子。

具有第4号人格的孩子害怕被遗弃。他们可能会感到嫉妒，从而进行自我批评或自我惩罚。家长可以安排一些能让他们有成就感的活动，向他们表明你真正地爱他们、理解他们。他们会将你给予他们的关注和同理心内化，并学会用一些方法来抚慰自己的情感。

他们进入青春期后，或许会对自己产生悲观或绝望的想法，家长要帮助他们审视这些悲观想法是否有根据。然而，最重要的是，家长在倾听他们的时候，一定要采取让他们感到被理解的方式。如果他们看起来极度抑郁或有自杀倾向，那么就需要寻求专业人士的帮助。

未完待续的同理过程

我现在得去做晚饭，待会儿我们接着谈，可以吗？

可以，妈妈。

创意来自丽贝卡·马耶诺

责任心

具有第4号人格的孩子就像他们的箭型——完美主义者，也可能会非常细心。他们助人为乐，会挺身而出以保护遭受虐待的儿童或动物。家长可以鼓励这些孩子与社区中的老人交朋友，因为老人可能会喜欢收到这些孩子的关心。他们还可以在医院或老年中心帮忙，为盲人养导盲犬，通过种种不同的途径来释放他们的同情心和利他精神。

如果具有第4号人格的孩子的责任心减弱了，那么他们可能正在为了什么事情而烦恼，或者正在经历叛逆期。家长要倾听他们的问题。具有第4号人格的成年人有时候会说，在他们还小的时候，会不明原因地感到悲伤和孤独。

艺术的目的是帮助我们了解通过其他途径无法触及的自我。

——钢琴家 比尔·埃文斯

对于爱探索灵魂的具有悲情浪漫者人格的青少年来说，生活的意义无法界定，而只能感受。他们可能不喜欢那些试图给他们定型的理论体系，比如九型人格。一种无法用语言来形容的愁绪将他们同神秘的宇宙联系在一起。有些具有第4号人格的人相信，如果有人能给他们的生活增添意义，那个人只可能是一位伟大的艺术家，或一位超凡绝尘的爱人。

父母和老师有时不能理解，内向性格有利于这类孩子恢复心灵的平静，对他们发挥创造力具有重要意义。虽然家长和老师可能误以为探索灵魂和梦想徒劳无功，但是我欣赏具有悲情浪漫者人格的孩子，因为他们不害怕表达自己的情感，包括快乐和悲伤。

霍华德·马戈利斯作

流鼻血时的九型人格

⑨ 这不是任何人的错。

① 希望这不要影响我把积木收起来!

⑧ 他被我揍得更惨!

② 流鼻血得到了关注!

⑦

⑥ 谁来打急救电话?

③ 希望鼻血不要滴到衣服上。

⑤ 我有机会研究人类血液了!

④ 大家会以为我不幸惨死了。

第六章　观察者人格（第5号）

性格测验

你的孩子是否……

○ 性格安静或容易害羞？
○ 喜欢独处——沉迷于阅读或其他兴趣？
○ 对大多数事物都有明确的意见，但也愿意听取其他不同的解释？
○ 对事物如何运作或哲学问题感兴趣？
○ 有一种异想天开的幽默感？
○ 倾向于保持独立或徘徊在群体的边缘？
○ 对社会规范不感兴趣？
○ 不喜欢别人对他刨根问底或过分关注？

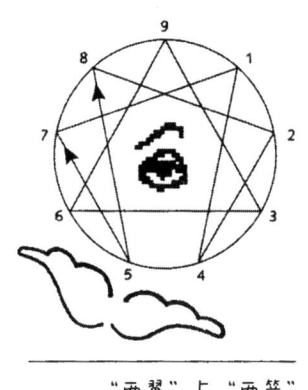

"两翼"与"两箭"

如果大多数答案是肯定的，那么你孩子目前的行为属于观察者人格。这并不一定表示孩子在长大后也会是观察者。

我喜欢观察。

在继续阅读本章之前，请先阅读本书的第一章。

具有第5号人格的孩子往往好奇心强,
思维活跃。

> 天空的另一面有什么东西呢?

> 时间开始之前,发生了什么事呢?

他们完全
可以自娱自乐。

具有第 5 号人格的
孩子即使独处
也能自得其乐，
对于这一点，
他们的父母通常
很难理解，
因此可能会督促
孩子做他们
并不想做的事情。

这个孩子觉得父母管得太宽。
他在尝试和父母的潜意识沟通，
让父母放手。

具有第 5 号
人格的孩子
容易受到惊吓，
尤其在他们看到
别人起冲突，
或者他们站在
聚光灯下的时候。

因为他们比大多数孩子观察得更仔细……

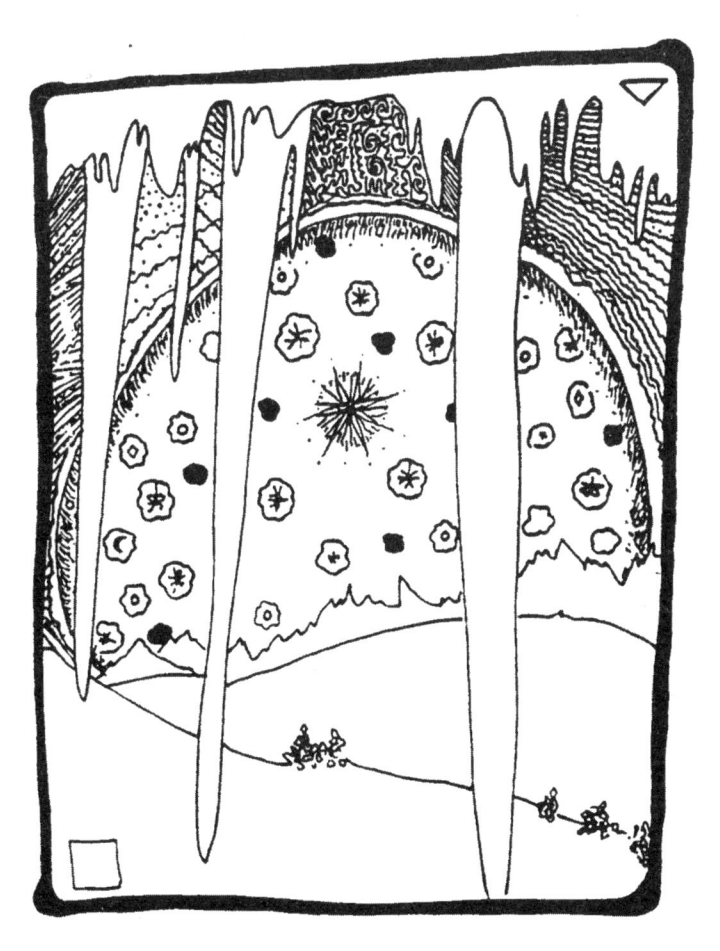

所以他们可能看到别人看不到的事物。

我曾经知道一位具有第5号人格的人士，他性格非常腼腆，感觉和周围的人格格不入。

当他尝试和别人聊天时，

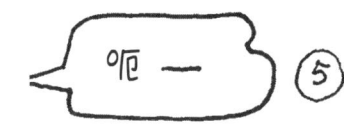

呃—

膝盖就会打颤。

但他的相对论还是挺有名的。

$E = mc^2$

具有第5号人格的孩子通常
不关心社会习俗，
也不容易与人交往互动。
他们可能会感到窘迫，
或与其他孩子不一样。不要强迫他们，
而是要温柔地邀请他们加入。

> 我们想让你和我们一起玩。

响亮或令人不快的声音会刺激具有第5号人格的人敏感的神经系统。当他们被迫听到噪音时，可能会认为有人在利用这种方式来试图控制他们。为了避免不愉快的感受，他们几乎会做任何事情。有些具有第5号人格的孩子希望他们自己说话的时候不用想得太多。对他们而言，一对一的接触通常比群体互动更舒适。

具有观察者人格的孩子的十个常见问题

准时上学

具有观察者人格的孩子通常都会准时上学,他们不喜欢因为迟到而被别人盯着看。有些孩子会不惜一切代价地保持低调,避免别人注意到他们。

学习习惯

对于具有第5号人格的孩子来说,改变是可怕的,比如开始上幼儿园这种。他们担心老师会提出他们无法达到的要求。家长可以试着和他们一起在学校里悠闲地散步,来帮助他们适应。在第一天上课前,就把他们介绍给老师、校长和几个同学。具有第5号人格的青少年在学校里畏缩不前,可能是因为他们对社会交往感到窘迫,不喜欢竞争,或者学不到他们想学的东西。有些孩子需要注意,对他们来说,一直学习未必是好事,多参加户外活动也很有必要。

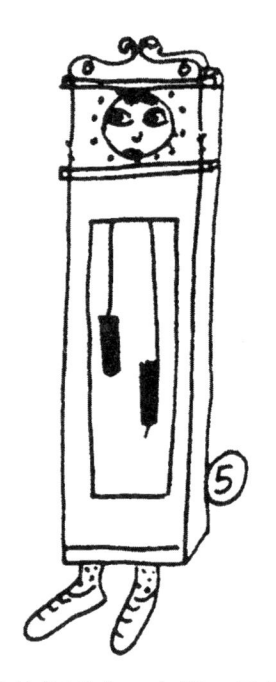

过去,对某些"书呆子"来说,我们的文化曾让他们感到难以适应。他们的形象既不属于衣冠楚楚的万人迷,也不属于粗犷奔放的户外运动者。他们喜欢谈论的往往是只有其他书呆子才懂的科学问题。然而,自从个人电脑出现后,第5号人群有了更多的存在感。微软公司的总裁比尔·盖茨,美国最富有的人,是取得了巨大成功的第5号人才之一。作为创业天才和科技天才,比尔·盖茨乘坐公共汽车,对员工没有着装要求。

具有观察者人格的孩子有强烈的良知,希望按照自己的原则做事。他们不喜欢别人照顾他们或干涉他们的事,所以他们和具有第2号人格的父母、老师相处有着天生的困难。如果你是具有第2号人格的父母,而孩子具有第

5号人格，那么你可以通过自己的翼型及孩子的箭型（都是第4号人格）搭建起两人之间的桥梁，通过脑洞大开的幽默感同孩子建立联系。如果孩子的翼型第6号人格比较突出，倾向于活在思维世界里，他们的幽默感可能带着讽刺的意味，而你们之间的差异可能会更加难以消除。不管你是什么类型，在你需要提醒孩子学习的时候，都要说得言简意赅。

礼貌

虽然大部分具有第5号人格的孩子都不喜欢引人注目，但是他们希望知道传统背后的缘由，而不想盲目地遵守传统。"一直以来都是如此"，对他们而言是不能成立的。

有时，具有第5号人格的孩子在家庭聚会上也喜欢独处。比如说，蒂莉阿姨不明白为什么贾基小朋友在感恩节聚会上也总是读书，而不是花上三个小时聊天。我们可以告诉蒂莉阿姨，那就是贾基的人格。

与人相处

顾名思义，具有观察者人格的孩子往往是旁观者。当他们真的加入别人活动的时候，常常会惊讶地发现，亲自参与和旁观的感觉是那么不一样。由于我们的文化偏好外向性格，而大多数具有第5号人格的孩子都是内向性格，所以家长一定要表达出对内向性格孩子的信心。如果家长发挥敏锐的洞察力，敏感地体察孩子的感受，就可以对孩子的人际交往产生深远的影响。

外向的父母因为难以向具有第5号人格的孩子灌输社交的乐趣，可能会感觉自己有些失败。这些孩子不太可能拥有一百万个朋友，也不太可能喜欢参加聚会。

地中海烤长笛*

即使内向的人也需要一个好朋友。

（*译者注："烤长笛"是一个英语文字游戏，"烤"fry 和"长笛"flute 两个词语的第二个辅音"r"位置互换后，意思就会变成"果蝇"fruitfly。）

身为父母，你可以让孩子知道，你喜欢他们的陪伴，但不要坚持要求他们陪伴，以此来表示你对他们的理解。让孩子接触合得来的伙伴，来帮助他们减少对社交的恐惧。与其让他们参加纯粹的社交活动，不如让他们参加他们真正感兴趣的小班课程。

大多数具有观察者人格的孩子在和别人没有共同点的时候，无法假装和其有共同点。父母们应该把孩子的这种"第5号人格特质"视为一种优势，这种特质使得孩子不必竞争，不必给别人留下深刻印象，不必在别人面前刻意表现自我。

睡眠和饮食习惯

具有第5号人格的孩子喜欢独处。熬夜到很晚、不用担心别人的干扰,可以给他们一种奇妙的自由感。作为思维三元组的孩子,他们特别容易受到害怕、烦躁和恐惧等情感的影响,并且通常有着敏感的神经系统。

如果他们或具有其他人格的孩子想要在饮食方面拥有更多的独立空间,家长可以在厨房里储存一些营养丰富的食物供他们慢慢享用,并教他们如何自己动手制作可口的午餐和点心。一天至少有一顿饭(晚餐)应该全家人一起享用。在吃饭和睡觉时间,要尽量避免发生冲突。

捍卫自我

一些具有第5号人格的孩子能很好地捍卫自我,而且几乎能就任何事情展开辩论。另一些孩子则为了避免冲突而迁就别人,可能会在不开心或不安时隐藏起来,或溜出房间。具有观察者人格的孩子需要安全感和支持,他们不信任态度强势的人。

特雷弗很注重公平公正,不怕和父亲起冲突。有一天,他和一个朋友在玩游戏,把土块往车库门上扔。他父亲出来了,叫他们住手,并解释说他们是租的房子,不能把房子弄脏。

特雷弗完全理解,他知道房子是租的,他们不再扔土块,事情就解决了。然而,他爸爸做了一件完全没有必要的事,打了他屁股!特雷弗被激怒了,对父亲的错误行为厉声斥责,于是那次以后,他爸爸再也没有打过他屁股。

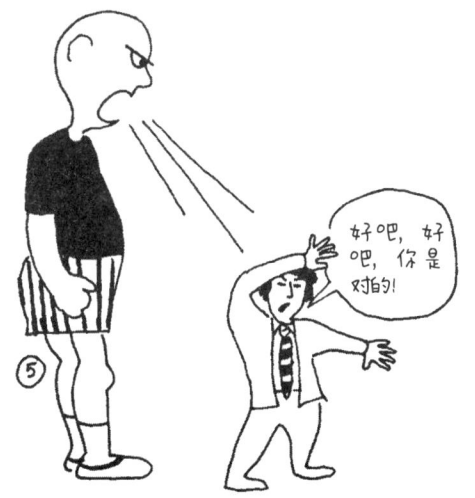

做决定

我的生活尽可能地简单。工作一整天，然后晚上做饭、吃饭、洗漱、打电话、写作、喝酒、看电视。我几乎从不外出。我想每个人都在用各种方法试图忽略时间的流逝：有些人忙着做很多事情，有些人一年在加州过、一年在日本过；而我有我自己的方式——让每一天、每一年都一模一样。或许，无论哪一种方法，都不会有结果。

——菲利普·拉金，一个具有第 5 号人格的人

具有观察者人格的孩子会形成很多观点，但由于性格内向，他们的反应速度不如其他人快。他们可能很难做出决定，比如在餐馆点什么。我小的时候，总想尝试一些新美味，但是从来没有足够的时间来做出决定。服务员问我点什么，我就慌了，就又点了炸鸡。不过，也有许多第 5 号人格的孩子知道自己每次都会选择同样的东西，并为此感到安慰。

家长可以让孩子练习如何做决定，每天至少带孩子出去两次，每次让孩子给蛋卷冰激凌选择三种口味（开个玩笑）。

行动力

具有观察者人格的孩子对学习充满好奇和动力，但他们通常不会炫耀自己的成绩。家长要接受他们的内向性格，以及他们对高调活动的意兴阑珊，比如竞选学生职务。

情绪成熟

对于具有观察者人格的孩子来说，愤怒和消极情绪可能会被抑制起来，无法顺畅流动。家长可以温和地鼓励孩子通过"做事"来保持平衡，比如参加童子军、绘画、音乐、体育或舞蹈活动，尤其是身体活动或自由活动。家长可以专注地倾听具有第5号人格的孩子，帮助孩子理解和消化自身的感受。注意不要干涉孩子，也不要给孩子提建议。然而，你可以通过认同和复述他们的观点，来帮助他们打破自我孤立。他们作为观察者，常常觉得自己和别人格格不入，认为自己有点儿问题。一些孩子以为（或希望）只要他们一动不动，就不会被别人注意到。家长可以说："你观察得很好——你的解读对我们很有价值。"这样，家长就可以向孩子表明，孩子也是全局的一部分，他们属于一个整体，他们也是被欣赏的。

责任心

具有观察者人格的孩子通常有良知，有公平意识，自律且有责任心。家长在和孩子一起做家务，或告诉孩子你想让他们做什么的时候，可以给他们定一个时间框架。如果他们不做那些事，家长应更加坚定地和孩子沟通，但不要说教或吓唬孩子。

对于外向的父母来说，具有第 5 号人格的内向孩子宛如一个谜，即使在某些内向的父母看来也是如此。具有第 5 号人格的孩子常常在内心深处感到受伤、愤怒和疏离，因为周围的世界更多地反映出父母、学校和社会的价值观和现实，而忽略了他们的价值观。他们可能会对自己说，他们不需要任何人，从而进一步强化孤立无援的感受。

要了解具有第 5 号人格的孩子，有一个办法就是努力感受他们的幽默感，学会和他们一起欢笑。同时，带着兴趣欣赏他们喜欢的音乐、电影和文学作品。要对他们的世界真正地产生兴趣，而不是试图借此刻意拉近和他们的距离。

第七章　怀疑论者人格（第6号）

性格测验

你的孩子是否……

○ 比大多数孩子更担心安全问题？

○ 有时会做出极端、矛盾或预料之外的反应？

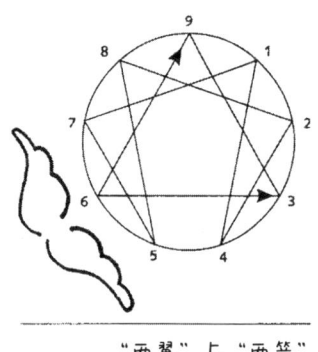

○ 经常有情绪变化：紧张、焦虑、愤怒、幽默感、热切？

○ 喜欢争论和大家相反的观点？

○ 表现得没有安全感、多疑、害怕？或者用过激的行为来掩盖这些感受？

○ 试图通过娱乐或取悦别人，来得到别人的喜欢？

○ 说话语速快，或结结巴巴？

○ 对受苦的人有同情心？

"两翼"与"两箭"

如果大多数答案是肯定的，那么你孩子目前的行为属于怀疑论者人格。这不一定预示着孩子长大成人后也会是这种类型。

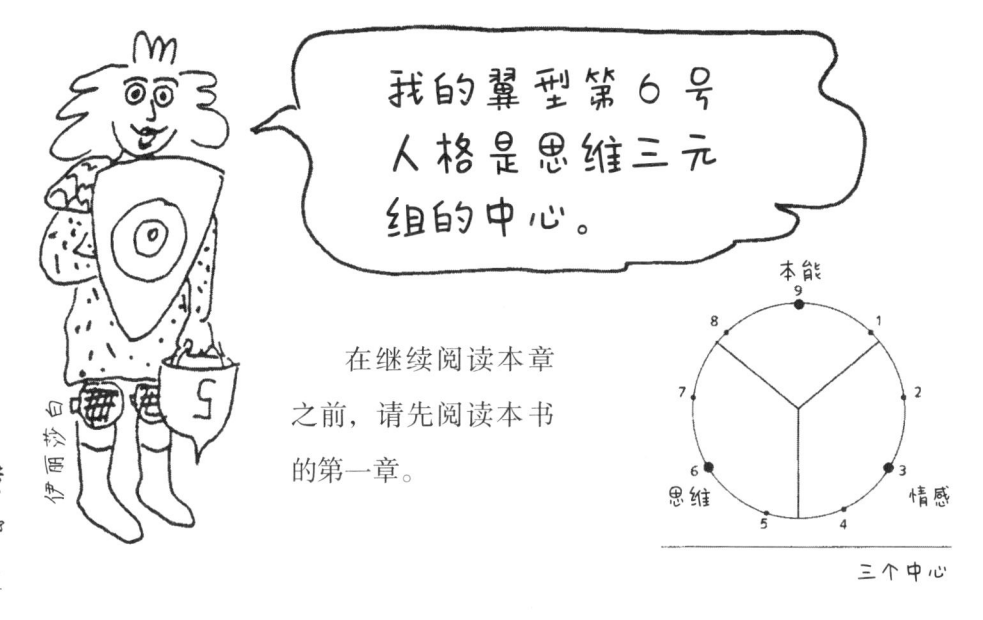

我的翼型第6号人格是思维三元组的中心。

在继续阅读本章之前，请先阅读本书的第一章。

三个中心

具有怀疑论者人格的孩子
要么看起来害羞且害怕，
要么看起来好斗且无所畏惧。
不管表现得怎样，
他们都想要拥有
更多的安全感。

这架钢琴喜欢有人照顾它。

他们不管是对待自己，
还是对待别人，
都尽心尽力。

具有第6号人格的孩子喜欢解决冲突，为了某项公益事业而团结起来。

对具有第6号人格的孩子来说，把事情弄清楚很重要。然而，他们常常左思右想，忧心忡忡，以至于无法得出结论。他们通常对危险保持警惕，可能会因为小事而惊慌失措。

具有怀疑论者人格的孩子可能很勇敢、坚强，也可能急躁、叛逆和反叛。

一个具有第6号人格的人在证明自己不害怕。

所有事情

　　都可能让他们

　　　　感到担心……

这可能

　　导致他们采取

　　　　额外的预防措施。

这些具有第6号人格的鲱鱼、胡瓜鱼、沙丁鱼和鲑鱼正在安全地潜泳。

他们讨厌阿谀奉承。

史蒂夫以为小猫沙茨不爱的是他本人，后来却发现它只是想让他给它喂吃的。

具有第 6 号人格的孩子通常喜欢真、善、美的事物。他们可能害怕未知，他们需要掌控感，而且他们可能倾向于悲观或偏执。

你们全都不怀好意！不要再跟着我了！

他们喜欢秩序感和可预知性,

　　　可是他们有时候也会很善变……

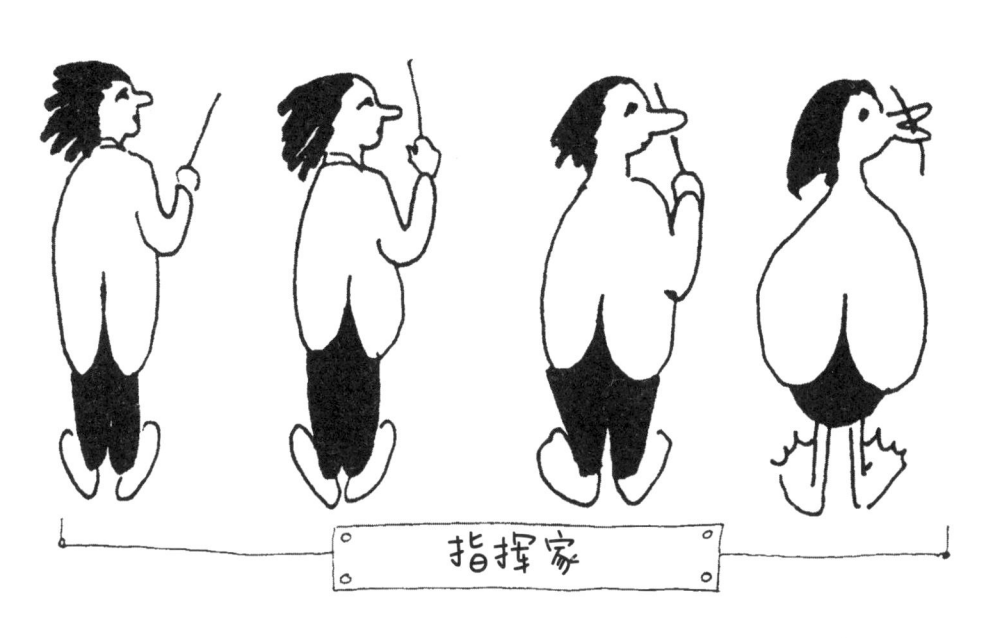

指挥家

还可能
从一个极端走向
另一个极端。

他们经常难以做出决定。

要抱我吗?

我不知道……

你好柔软……

……但你身上可能有跳蚤……

……你还可能抓我的裙子。

罗伯塔思前想后,终于做出决定。

抱住,抱住,紧紧抱住!

具有怀疑论者人格的孩子想知道谁是权威。他们喜欢让自己站出来，但通常对此感到紧张。父母可以平静而坚定地表示，相信孩子有能力应付新情况，并帮助孩子信任他们自己内心的引领。

具有怀疑论者人格的孩子的十个常见问题

怀疑论者的外在表现可能比其他任何类型都更加多样化，因此很难被发现。他们的内心通常感到害怕和怀疑，但有些人会通过强大的外在表现来掩盖内心的脆弱。

准时上学

大多数具有第6号人格的孩子都希望把事情做"对"，以获得安全感。在早上选择穿什么衣服，或者担心午餐便当里的蛋黄酱会变质，这些都会让他们感到不安。家长可以让他们在前一天晚上把衣服摆好，并做花生酱三明治，而不是放蛋黄酱。在孩子还小的时候，不要把准时上学的责任太多地放在他们身上。

学习习惯

许多具有怀疑论者人格的孩子都喜欢学习。他们希望在学校表现良好，并试图取悦老师，因为老师是保护他们的权威。有些孩子（尤其是那些翼型为强势的第7号人格的孩子）希望自己的作业在第一次做完时就"正确"，却可能没有耐心做完基础工作，比如计划、研究和打草稿。家长可以通过教孩子放学后立即开始做作业，并在布置作业的当天就开始做报告，来减轻孩子的压力，降低他们的焦虑程度。

礼貌

具有第6号人格的孩子往往很听话，很有礼貌。反恐惧型*（*译者注：越害怕什么，就越去做什么，以此来缓解焦虑）的孩子可能会考验别人，或试图让别人感到震惊。当老师转过身去的时候，反权威型的孩子就会戏弄、指戳别人，或者制造噪音。父母可以通过坚决反对负面行为、不容许孩子冷嘲热讽或说话粗鲁，来帮助孩子成长，而不只是尴尬地笑笑就过去。

与人相处

具有怀疑论者人格的孩子会觉得自己有控制环境的冲动，包括控制别人。他们可能会表现得专横或愤怒，也可能会表现得迷人、有趣或者谄媚。家长可以努力让自己表现得情绪稳定、前后一致、靠得住，并问问自己，如果孩子生活得更有条理的话，是否有助于他们建立安全感。

具有第6号人格的孩子表现出的愤怒可能会吓到其他人。对此，家长不要过度反应或与之对抗，而是要努力保持冷静，让孩子的愤怒自行平息下来。

举个例子，温妮性格内向，喜欢在僻静的地方看书。她外向的弟弟赫尔曼会去找她，以为她乐意有人做伴；但是，她勃然大怒，把他吓跑，让他感到很受伤。待他长大成人，了解性格类型以后，他想和她谈谈他们之间的不同之处。她解释说，当时自己沉浸在阅读中，而他的突然造访对她而言像是一种侵犯。她感谢他试图来理解她，他们的关系迅速得到了改善。

睡眠和饮食习惯

如果具有第6号人格的孩子在睡前或晚上焦虑发作，家长要帮助他们获得安全感。本书不建议具有怀疑论者人格的孩子的父母躺在床上和孩子一起睡，因为你起身的时候，孩子就会再次感到焦虑。让他们开着灯睡觉，拥抱他们，或者倾听他们，让他们把恐惧说出来。家长要鼓励孩子学习适应压力、自我安抚的方法。

具有第 6 号人格的孩子有时会对应该吃什么或不应该吃什么产生焦虑感。家长可以只提供健康食品作为零食，以避免增加孩子的忧虑。不要强迫孩子吃饭，或用食物贿赂孩子。用餐过程可能会因为很多原因而遇到困难，但是为了孩子和整个家庭的好处着想，要努力保持平静、愉快的气氛。如果孩子爱捣乱，就让他们坐到大人旁边。如果有必要，可以让他们到另一个房间独自吃饭。

捍卫自我

具有怀疑论者人格的孩子通常可以通过他们的智慧或幽默感来保护自己不受他人伤害。有些人会通过盲目地发泄愤怒来吓跑别人。这不是一个令人满意的解决办法，因此，家长需要教他们一些控制脾气的方法。这些孩子担心自己被别人制服，所以可以让他们参加武术或其他运动课程，帮助他们感受自己的身体力量。反恐惧型的孩子通常会自行参加运动或健身，而恐惧型的孩子则不自信，害怕受伤，需要额外的鼓励。

家长要为每一个孩子创造被倾听的机会，这将帮助他们在家庭以外的场合自信地表达观点。如果可能的话，可以请一位老师来教导孩子如何进行自我表达。

做决定

具有怀疑论者人格的孩子难以做出选择，因为他们想要获得确定的结果。如果要让他们做决定，决策的过程就会很缓慢，并使牵涉到的所有人感到非常痛苦。而且他们如果得知这些决定是不能修改的，就会觉得恐惧。

当他们陷入担忧、试图解决问题却没有得到任何进展的时候，他们就不能充分汲取自身资源。他们需要感到充分的安全和冷静，才能做出行动。

行动力

具有第 6 号人格的孩子通常精力充沛，但有时可能沉迷于看电视。如果孩子有这方面的问题，那家长要么严格限制时间，要么关闭电视和电脑，并提供其他活动机会，让孩子选择。具有怀疑论者人格的孩子对未知事物的反应通常是恐惧、否定或惊慌。一些人在回忆儿童时期时，都很感激父母非常温和地引导他们走进新环境，尽管他们当时很抗拒。

责任心

具有第 6 号人格的孩子努力做到小心谨慎，重视安全，通常来说，他们非常有责任心。孩子愿意承担责任，意味着孩子感激父母，这也是孩子证明自己值得信任的一种方式。为了帮助具有第 6 号人格的孩子健康成长，家长可以帮助他们培养更多的自尊和自信。

家长应给予孩子支持和慰藉，但不要过度保护孩子。在孩子遇到不可预知的事情、有情绪波动、遭受考验的时候，父母需要努力保持自己的情绪稳定。

父母可以温柔地让具有怀疑论者人格的孩子接触新环境，为孩子的生活带来积极改变。孩子将发现自己的恐惧和悲观预测毫无根据，从而逐渐建立起信心。

情绪成熟

具有怀疑论者人格的孩子情绪成熟得可能比较缓慢，因为焦虑会阻碍他们的发展。家长可以少量多次地给孩子介绍新事物，以避免让孩子感到意外。

当其他小孩可能在与朋友互动或学习新技能时，具有怀疑论者人格的孩子却可能在试图保护自己，或试图证明自己既坚强又勇敢。

家长要注意孩子在什么情况下感到安全、自信，然后试着重新营造这些条件。具有第 6 号人格的孩子可以先从相信父母开始，逐步学习相信别人和他们自己。因此，家长要避免给孩子安排没有事先告知的事项。家长要对孩子坦率直接，不要助长孩子的悲观想象。当孩子有问题时，父母加以解答会让孩子感到安全。家长还可以给孩子充分的自由，以让他们寻找自己的方法，来适应生活中的种种不确定。虽然让孩子独立自主通常是有益的，但这可能会导致孩子焦虑，并让某些孩子感觉父母不爱他们。具有怀疑论者人格的孩子需要使自己的生活井井有条，界限分明。

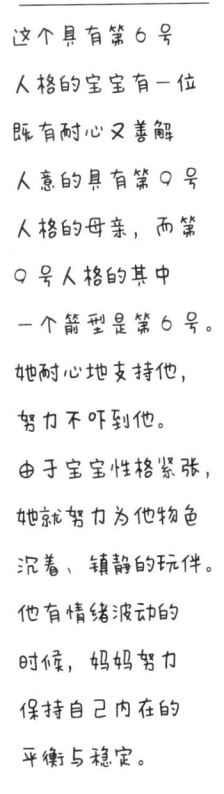

这个具有第 6 号人格的宝宝有一位既有耐心又善解人意的具有第 9 号人格的母亲，而第 9 号人格的其中一个箭型是第 6 号。她耐心地支持他，努力不吓到他。由于宝宝性格紧张，她就努力为他物色沉着、镇静的玩伴。他有情绪波动的时候，妈妈努力保持自己内在的平衡与稳定。

青春期的九型人格

第八章 享乐主义者人格（第 7 号）

性格测验

你的孩子是否……

○ 大多数时候都很开心地醒来和入睡？
○ 很少会错过把新发现的迷人物品装进口袋的机会？
○ 喜欢做受人瞩目的明星？
○ 喜欢有趣的人来家里做客？
○ 性格开朗，笑声富有感染力？
○ 有很多朋友？
○ 有强烈的好奇心和求知欲？
○ 喜欢讲故事和笑话？

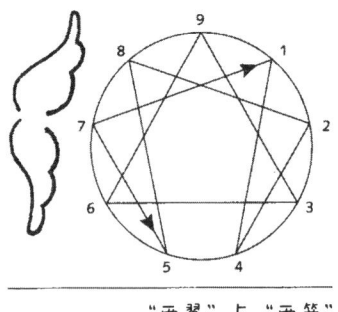

"两翼"与"两箭"

如果大多数答案是肯定的，那么你孩子目前的行为属于享乐主义者人格。孩子在长大成人后，可能会依然如此，也可能会发生变化。

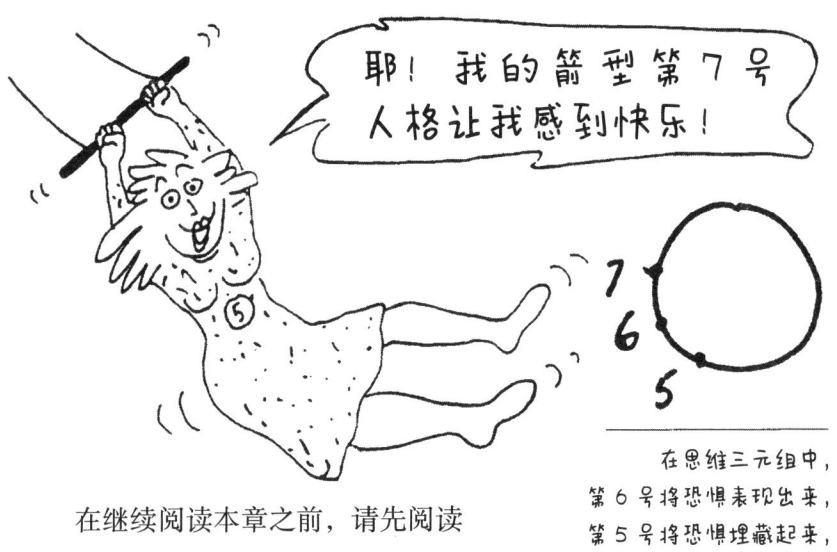

耶！我的箭型第7号人格让我感到快乐！

在思维三元组中，
第6号将恐惧表现出来，
第5号将恐惧埋藏起来，
第7号否认恐惧的存在。

在继续阅读本章之前，请先阅读本书的第一章。

具有第7号人格的孩子喜欢玩游戏，以及和朋友们一起享受快乐。

他们喜欢做许多
　　不同的事情，

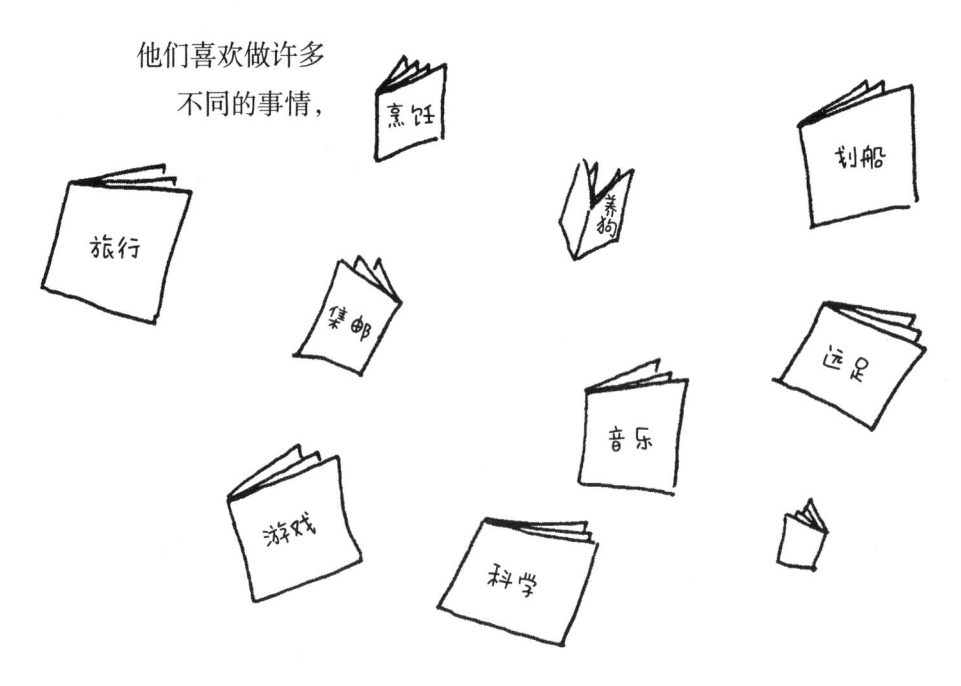

烹饪　划船　旅行　养狗　集邮　远足　音乐　游戏　科学

而不喜欢一直都
　　静静地坐在学校里。
　　　他们宁愿继续前进，
　　　　以寻找新的刺激。

他们不想被束缚!

具有享乐主义者人格的孩子试图哄成年人允许他们做他们想做的事。他们如果真的想要某件东西,就绝不会放弃。

我知道我已经和你要宠物要了100遍了,但这次我是真的想要!

他们充满理想主义色彩，喜欢花花世界中的美好事物，且自我感觉良好。

我值得拥有这些。

鸡肉 老鼠 鹌鹑
素食 牛肉 羊肉
贝类 鳟鱼 马肉 什锦

送给拉米

世界如此丰富多彩。

具有第7号人格的
　　孩子和自己的箭型
　　　　（分别是第5号观察者和
　　　　　　第1号完美主义者）
　　　　　　　一起开生日派对。

对白由梅利·斯科特提供

107

具有第7号人格的孩子总感觉他们背后有人支持和鼓励，因此他们的表现很亮眼。

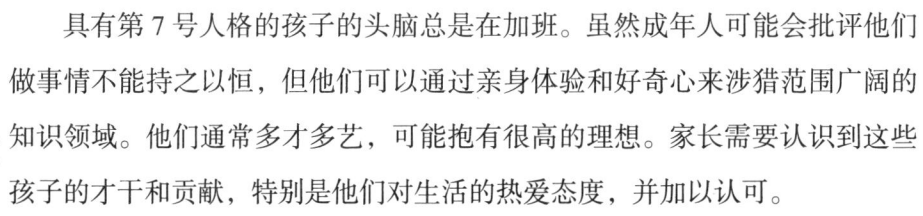

具有第7号人格的孩子的头脑总是在加班。虽然成年人可能会批评他们做事情不能持之以恒，但他们可以通过亲身体验和好奇心来涉猎范围广阔的知识领域。他们通常多才多艺，可能抱有很高的理想。家长需要认识到这些孩子的才干和贡献，特别是他们对生活的热爱态度，并加以认可。

具有享乐主义者人格的孩子的十个常见问题

准时上学

如果具有第7号人格的孩子上学迟到了，那么他们会试图从"迟到名单"中逃脱出来，而且通常能成功。虽然伊莱恩的成绩是甲等，但她经常因为在大厅里和朋友聊天而不能按时进入教室上课。她把老师让家长签字的"表现不佳"纸条叠起来让父亲签字，她父亲根本不知道签的是什么。

学习习惯

对具有第7号人格的孩子来说，老师讲课风趣生动、能够因材施教非常重要。这类孩子喜欢在丰富多彩的学习环境中选择自己感兴趣的学习内容。

虽然不能一概而论，但许多具有第7号人格的孩子的注意力持续时间都很短。他们倾向于匆匆完成一个任务，然后继续下一个任务，而略过其中的细节。分两次完成作业可能比一次性完成作业更有效率。有些人在和朋友一起学习时，其学习效果会更好。

具有享乐主义者人格的孩子在性格成熟后，往往会变得更认真，更愿意付出努力。他们的翼型和箭型相当影响他们的个性，翼型第8号人格会使他们更加果断和有力量，而翼型第6号人格则包含他们对未来的担忧。箭型第1号人格有助于提高他们的效率和强化他们的自律性，箭型第5号人格有助于帮助他们做事有始有终。

许多具有第7号人格的孩子更喜欢学习那些即学即用的知识，提升他们解决问题的能力。他们就像智多星一样，点子很多。

虽然孩子大多需要前后一贯的对待方式，但具有享乐主义者人格的孩子需要父母和老师的灵活对待与支持。

我有个具有第7号人格的朋友叫海珮。每次她父亲教她读书时，她都感觉烦躁不安。一天，她想到一个绝妙的主意，父亲同意了。父女二人轮流选择不同寻常的学习地点——屋顶上、树屋里、钢琴下，等等。这使她对学习阅读有了盼头，激发了她的阅读兴趣。很快，她对阅读的态度变得更积极、更放松，她的阅读能力也提高了。

礼貌

具有享乐主义者人格的孩子善于施展魅力，别人做了就会遭到惩罚的事情，他们做了却能够逃脱。他们喜欢戏弄、取笑别人，让自己成为明星。我采访过一个具有第7号人格的人，他说他喜欢"折磨缺乏安全感、脆弱的老师"，看着老师对他反应过度，他感觉自己很强大。还有一些具有第7号人格的孩子会通过表现得不耐烦，或试图让别人震惊，或像个话匣子一样，来惹恼别人。

家长可以教给具有第7号人格的孩子一些社交

拉米很好奇。他喜欢观察装满水的袋子怎么掉到地上，有时候这些袋子也会"不巧"地掉在别人身上。

技巧，鼓励他们做事要直截了当、光明正大；家长要明确表达自己不喜欢粗鲁的举止，但在说话的时候，态度要保持冷静、平稳。

具有享乐主义者人格的幼儿可能会非常活跃，可能会把东西从商店的货架上拿下来。如果某个地方很热闹，有五花八门的东西吸引孩子的注意，但这个地方又要求孩子表现得循规蹈矩，那么这个地方不管是对孩子还是对你内心的平静都没有好处。对父母和孩子双方来说，允许儿童游戏打闹或用纸铺满桌子并提供蜡笔的餐厅都比豪华餐厅更合适。

与人相处

我觉得自己就像是蚂蚁世界里的蚱蜢。

——诺里斯·莱尔，第 7 号

虽然具有享乐主义者人格的孩子可能会表现专横或戏弄别人，但这不大可能成为大问题，除非孩子的翼型第 8 号人格比较突出。大多数具有第 7 号人格的孩子无拘无束，性情温和。他们很容易克服烦恼，倾向于回避麻烦和痛苦。他们喜欢幻想、笑话、逗别人开心。他们讲的故事能把人们聚在一起。

睡眠和饮食习惯

具有第 7 号人格的孩子不喜欢大人强迫他们做事，但也重视与大人建立情感联结。自由会让他们茁壮成长，但如果你给予他们太多自由，他们会感到被忽视。

具有第 7 号人格的孩子精力充沛，在晚上

的时候即使感觉筋疲力尽，但只要有一些有趣的新事物，就能让他们再次充满活力。在就寝前，可以给他们读或讲一些能让他们平静下来（但不无聊）的舒缓的睡前故事。我的儿子属于第7号人格，不喜欢花太多时间吃饭，但有些同类人格的孩子也会喜欢奇妙、新鲜的饮食体验。

捍卫自我

具有第7号人格的孩子会为自己发声，以避免发生严重的冲突。除非8号翼型比较突出，否则他们一般都会巧妙地躲避冲突，比如施展个人魅力、出其不意地讲笑话，或者悄悄溜走。如果实在没有其他办法了，他们还可能厚着脸皮扯谎。

做决定

如果你在路上看到了岔道，就走岔道上去。

——约吉·贝拉

具有第7号人格的孩子不容易做决定——他们经常感到矛盾或模棱两可。他们可能会选择某个新想法，但做出选择后，可以继续选择的范围便缩小了，这让他们感到恐惧。他们还可能会忘记三思而后行，莽撞地去做一些大胆的事情，或做一些令自己难以脱身的事情，然后惊慌地问："我怎么把自己搞成这样了？"

行动力

具有享乐主义者人格的孩子通常好奇心强，有上进心。他们通常在每天开始的时候都计划满满，却不一定能坚持下去。

夏日时光，八岁小童，在生活的大道上，骑着滑板车前行。

乔治·伍德沃德

情绪成熟

由于具有享乐主义者人格的孩子比较自信，不会轻易表露他们的伤心情绪和焦虑感，所以家长要始终用委婉的方式表达对他们的关心。具有第7号人格的孩子可能不会告诉你一些不快的事情，因为他们不想让这些事情影响到自己，或者可能害怕你有什么反应。然而，让他们不快的事情确实已经发生了，如果不解决，孩子体验到的伤害可能会更大。他们的乐观精神也存在着消极面，也就是他们可能难以培养出直面困难所需的技能。

我采访过一位具有第7号人格的女士。她说，她讨厌被小组或讨论活动排除在外。这个问题曾经总是困扰她的童年生活。她会计划自己的生日聚会，以确保她可以做她想做的趣事，并确保聚会上有很多朋友和丰盛的食物。

有些具有第7号人格的孩子会为了达到目的而撒谎，甚至对权威角色撒谎，尤其对严厉的父母撒谎。雷切尔十三岁的时候，非常想走出家门，所以她假装自己是十八岁，在夏令营找到了当辅导员的工作。她还撒谎说自己会弹吉他、骑马和跳方块舞。顺便说一句，她很快就学会了这些技能，并被推选为夏令营中最好的辅导员之一。

具有享乐主义者人格的孩子可能会要求享有超出他们能力范围的自由。他们经常早早离开家，却面临一直长不大、不成熟的风险。与其指出他们可能会遇到什么坏事，不如帮助他们寻找积极的方向。支持他们探索每个感兴趣的新领域，不断鼓励他们做自己。相信他们会通过不断的探索，最终抵达一个可以稳定下来的地方。家长需要学会欣赏此类孩子对学习和生活的热情，尊重他们的冒险精神，并提醒自己不要那么严肃。

责任心

具有第7号人格的孩子很忙，参加活动可能会迟到。有时他们会很早到场，原因是他们迫不及待了，或是为了避免赶时间而产生恐慌。

大多数具有享乐主义者人格的孩子喜欢做可以自由发挥的工作。他们会对日常任务感到厌倦，比如洗碗。平淡无奇的工作对他们而言没有任何吸引力。家长对待具有第7号人格的孩子，要像对待所有的孩子一样，可以给孩子安排一些他们能够应付并引以为豪的任务，然后逐渐增加新任务，直到他们能够为家庭的日常生活做出贡献。轮流更换不同的家务事项有助于维持他们的兴趣。

许多具有享乐主义者人格的孩子都觉得，他们身上肩负着让世界变得更美好的使命。他们通过为某些事业提供志愿服务来展现出责任感——通常来说，这些志愿工作都是与朋友一起合作展开的。

虽然享乐主义者人格和其他人格一样合理地存在，但它却威胁着父母的控制感。父母可能无法让孩子获得父母期望的结果。具有完美主义者人格的家长和老师可能会担忧，具有第 7 号人格的孩子如果态度不认真，不专注地学习和工作，就不能拥有美好的生活。也就是说，具有第 7 号人格的孩子总感觉自己受到具有完美主义者人格的权威人士的批评。如果家长专注于孩子的优势，温柔地引导和鼓励孩子，信任孩子与生俱来的自信态度，那么具有第 7 号人格的孩子就能够茁壮成长。

第九章　保护者人格（第8号）

性格测验

你的孩子是否……

○ 支配其他的孩子？
○ 精力充沛，充满力量？
○ 总是让别人意识到他的存在？
○ 泰然自若地表达出愤怒和不满？
○ 顽强固执，有时候让看孩子的人或老师为难？
○ "发动机"运转速度快，需要停机时间？
○ 说话和行动带有权威感？
○ 表现得热情洋溢？

在以愤怒为核心情感的本能三元组（8，9和1）中，第8号表现出来的愤怒最多。

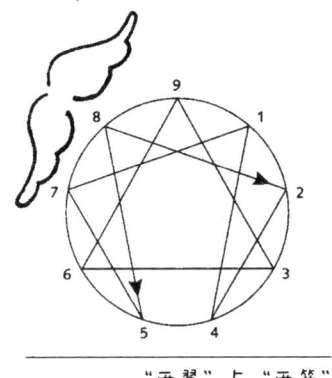

"两翼"与"两箭"

如果大多数答案是肯定的，那么你孩子目前的行为属于保护者人格。你无法预料具有第8号人格的孩子长大后是否依然如此。

虽然我的箭型第8号人格特质有时候能够帮助到我，但是有时候它可能会失控。

在继续阅读本章之前，请先阅读本书的第一章。

具有第 8 号
人格的孩子会
极力保护别人。

他们照拂朋友……

保护那些无法保护自己的人。

回你家去！

这些孩子会主动
出击……

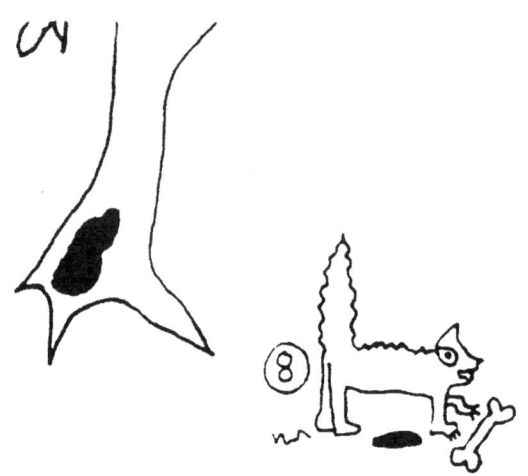

但他们最想要的是
拥抱充满激情的生活。
他们如果不能通过大量的
快乐活动、英雄故事或
不可思议的自然游历
来释放精力，就可能会
感到伤心难过。

米兰达·科蒂

具有保护者人格的孩子会毫不犹豫地告诉别人他们有什么看法。

柠檬高谈阔论派

嘿,我像你这么大的时候,比你酸两倍!

有时他们会控制父母。

你们就在墙角那儿待着,等我想吃饭了再出来!

他们努力工作，尽情玩耍……

他们讨厌别人假装。

皮尔兹医生：我向你保证，打针疼在你身，痛在我心。

我还真是非常非常同情你！

他们可能会寻找机会报复、进行恐吓，所以其他人常常出于害怕而顺从他们。抚养具有第8号人格的孩子可能很困难，因为这些孩子会推卸责任，不为自己的行为负责。

"对不起，但我不知道其他的做事方式！"

从另一方面来说，他们天生就热情洋溢，这一点常常遭到人们的误解、责备或错误评判。

具有第 8 号人格的孩子的内心埋藏着
温暖、柔和、脆弱的一面。
如果你赢得了他们的信任和尊重，
就能够看到这一面。
对待他们的时候，
要直截了当、言行可靠且诚实。

具有保护者人格的孩子的十个常见问题

准时上学

有些人喜欢吹嘘自己一大早就从床上跳起来看日出，来迎接新的一天，以及一些其他诸如此类的废话。实际上，我从未见过日出，但我猜日出看起来很像日落，只不过日出在东边。

——斯图尔特，第8号

有些孩子觉得早早起床是天经地义的事，但是具有第8号人格的孩子不是这样，早起更可能让他们感到烦躁。如果孩子向你发起床气，那么你要努力保持心态平衡，不要针锋相对地做出反应，而要态度坚定地表明需要做什么事。你可以在前一天晚上完成一些早上要做的事情，或播放一些你喜欢的音乐，让早起更轻松些。你可以鼓励孩子像你一样做。

有些具有第8号人格的孩子不介意违反一些规则。这使得训练他们准时上学变得很困难。看看你能否通过让他们参加课外活动（课外俱乐部或球类游戏），来让他们对学校产生更多的兴趣。参与到孩子的课堂中，让他们知道你的关心，并且还可以借此了解课堂有没有满足孩子的学习需要。

学习习惯

具有保护者人格的孩子可能比较难以养成良好的学习习惯。尽管他们可能会大声抗议，但家长还是要坚持让孩子先做完家庭作业再做其他事，最好是放学后立即开始做作业。家长们需要明确、前后一贯地让孩子知道，家长、老师对孩子有什么要求，家长们应该检查（或者让其他人检查）具有第8号人格的孩子是否完成了作业——必须先完成家庭作业，才可以出去玩。

礼貌

具有第8号人格的孩子通常不是天生就懂礼貌，他们更可能会皱眉、咆哮、争论，而不是互相说客套话（具有第8号人格的男孩尤其如此）。对于具有这种人格的孩子而言，不礼貌也是一种让别人感到震惊或报复别人的有效方式。

养育具有第8号人格的孩子考验父母对现实的接受能力。如果你期望孩子彬彬有礼，那么可能不太现实。家长可以仔细选择，看看哪几条礼貌准则是最重要的，并坚定地向孩子强调一定要遵守这几条礼貌准则。

与人相处

具有保护者人格的孩子通常也有可爱的一面，对朋友体贴、忠诚、慷慨。然而，许多具有这种人格的孩子缺乏灵活度，难以和别人好好相处。他们可能过于坚信自己的想法，可能严厉地评判别人。很多人会肩扛大棒，如果有人嘲笑他们或碰他们的东西，他们就会大发雷霆。他们倾向于认为世界是一个危险的地方，其他人都不站在他们那边。

（*译者注：在英文中，咪与"我"的宾格"me"发音相同。）

家长可以鼓励具有第8号人格的孩子学会折中，学习如何理解玩伴的情绪，并学习在有愤怒情绪时，先从一数到十，冷静下来。

睡眠和饮食习惯

在一天结束的时候，给具有保护者人格的孩子读一些故事，或让他们养成一些他们喜欢的睡前习惯。如果他们仍然精力旺盛，无法入睡，那么可以让他们通过安静地玩耍或阅读来放松自己。

有些具有第8号人格的孩子热爱食物——经常想着与食物相关的事，比如烹饪食物、吃掉食物。家长可以充分利用这一点，邀请孩子一起做饭或烘焙。如果孩子靠吃东西打发无聊时间，那么你可能需要安排更多的事情让他们参与。要是孩子在餐桌上表现不好，那么最好让他们挨着大人坐，或者让他们到另一个房间去吃饭。永远都不要让孩子不吃晚饭就去睡觉。

捍卫自我

具有保护者人格的孩子很注重维护良好的自我形象，善于坚持自己的立场。有时他们会做得过火了。一位母亲说："我的儿子属于第8号人格，在任何情况下，他都彻头彻尾地坚持自己，不管有没有必要！"要提醒具有第8号人格的孩子，当他们有争斗的冲动时，先评估一下情况，并视不同情况选择折中妥协、走开，还是据理力争。

具有第8号人格的孩子对不公正的对待保持警惕。当他们过于咄咄逼人时，有时是因为他们觉得自己没有被倾听。即使你不同意他们的观点，也要让他们知道你在倾听，在关注着他们。

做决定

具有保护者人格的孩子通常有明确的想法，几乎从不说"无所谓"或"不知道"。对父母来说，态度坚定温和，避免与孩子产生权力斗争是很重要的。对具有第8号人格的孩子而言，群体决策是个问题，因为他们希望自己的想法能占据上风。如果你家每周开一次家庭会议，那就在产生激烈分歧的时候停下来，把这个问题放到下次会议的议程上，到那时，情况应该就已经冷却下来了。

行动力

保护者人格以行动能力强而著称。当具有第8号人格的孩子找不到精气神能与他们相匹配的人时，他们就会非常失望。（想象一下，如果你充满了精力和热情，想要追逐玩耍，但是玩伴们都感觉累了，想要回家，你会有多沮丧。）我采访过一个具有第 8 号人格的女士。她说，小时候她曾经以为自己有很大的力气。有一次，汽车在车道上溜车了，她竟然试图去挡它，好让其停下。当时，她只有五岁。

情绪成熟

具有第 8 号人格的孩子通常不善于控制自己的愤怒情绪。

比如说，别人不小心碰到了他们，或事情遇到了什么麻烦，他们可能会大发雷霆。父母需要坚定态度，有条不紊、耐心地教导这些孩子如何转移注意力，疏导愤怒情绪。如果孩子把原本给他们用来冷静的时间花在生闷气上，冷静时间就失去了它应有的作用。家长一定要心平气和，因为过度反应会使孩子的愤怒持续更长的时间。家长要敏感地对待亲子之间的差异。与其试图压制他们，不如多关注他们的优点和长处。

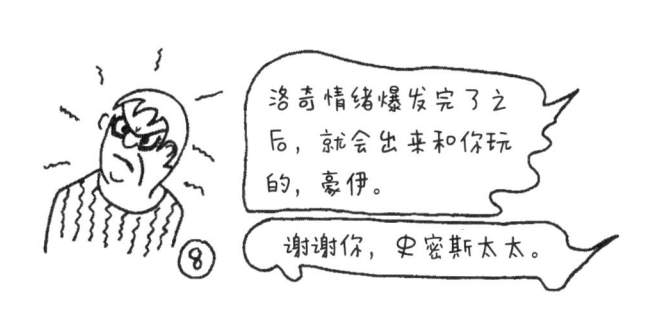

责任心

具有保护者人格的孩子通常不会偷偷摸摸地做什么事，而且可能会出其不意地诚实。即使没有人监督他们，他们也能遵守规则。

一般来说，他们擅长照顾比他们更小的孩子、宠物，或保护他们所爱的人。

有些具有第 8 号人格的孩子擅长做家务，比如洗碗；有些喜欢完成临时任务，比如把从超市买来的食品、杂货从车里搬回家。家长可以鼓励具有第8号人格的孩子做自己擅长的事情，给别人提供帮助。随着年龄的增长，他们可以学做其他有用的工作。

（*译者注：在英文中，"even the score"一语双关，它的字面意思是铺平乐谱，它还有报仇雪恨的含义。）

我家的老大看起来是第8号人格，长大后才发现是第9号人格。他还小的时候，我曾经尝试训练他把玩完的积木收起来。我的一个箭型是第8号人格，表现得也有些像第8号人格。这样，我就和孩子僵持起来，没人愿意让步。我说："把积木收起来。"他说："不收。""收起来。""就不收。"最后，我意识到这么做有些可笑。论冥顽不化，谁也赢不过第8号人格。

九型人格保护地球生态

- ① 我们**必须**得拯救地球。
- ② 一起爱地球,共度过愉快的一天!
- ③ 与时俱进,节约能源!
- ④ 地球受苦,我就痛苦。
- ⑤ 讲点儿逻辑!请善待我们的地球。
- ⑥ 地球要玩完。
- ⑦ 为了我,救救这个美好的星球吧!
- ⑧ 如果你对地球动根手指头,我就捏碎你的骨头!
- ⑨ 吵吵什么?地球好着呢!

第十章　调停者人格（第9号）

性格测验

你的孩子是否……

○ 喜欢看电视、用电脑,或者在家里逛悠?
○ 爬到你腿上,抱住你,不愿意下来?
○ 人们总情不自禁地夸他们"贴心""随和"?
○ 难以做决定,大部分时间都能和别人和谐相处?
○ 告诉家庭治疗师凡事都好,即使事实并非如此?
○ 比大多数孩子行动或说话慢一拍?
○ 感情相当容易受到伤害?
○ 个性有倔强的一面?

如果大多数答案是肯定的,那么你孩子目前的行为属于调停者人格。孩子长大成人后,性格可能依然属于第9号人格,也可能会发生变化。

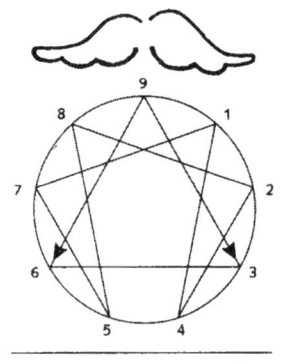

"两翼"与"两箭"

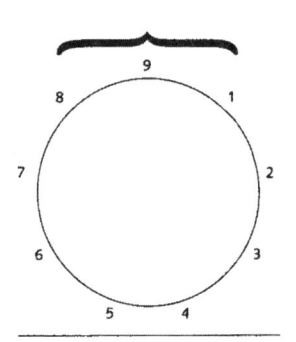

本能三元组和身体有着紧密的联结,他们根据身体的直觉来做出决定。

> 我妈妈的性格属于第9号人格,跟她相处会非常舒服。

在继续阅读本章之前,请先阅读本书的第一章。

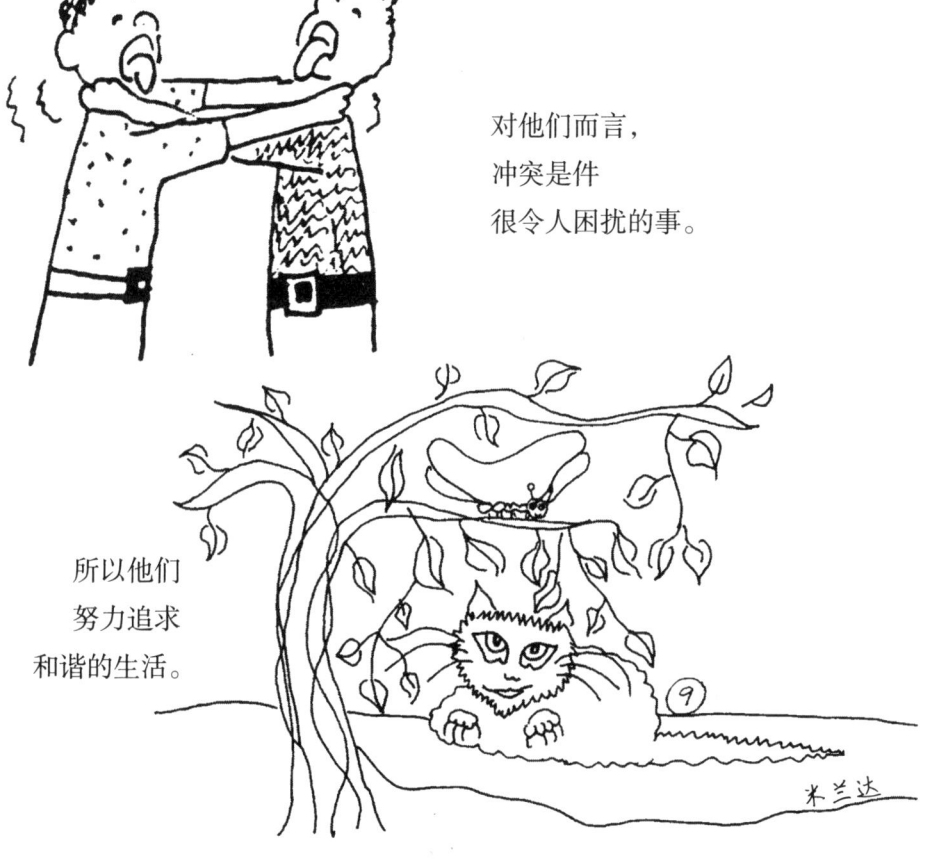

具有第9号人格的孩子
希望一切事物
都保持美好。

对他们而言，
冲突是件
很令人困扰的事。

所以他们
努力追求
和谐的生活。

米兰达

具有第9号人格的孩子能够融入其他类型，展现出其他各种类型的特征。

调停者
保护者
完美主义者
享乐主义者
给予者
怀疑论者
实干者
观察者
悲情浪漫者

他们通常富于智慧，心地善良，善解人意。

嘿！你说的确实有道理！

他们往往个性圆融，波澜不惊，不过你偶尔也能从他们的声音或表情中探测到一些怒意。

事实上，
他们有时候
会情绪爆发！

具有调停者人格的孩子
做决定的速度
常常很慢，
这是因为他们能够
从多种角度看待事物。

具有第9号人格的孩子常常感觉他们与自然有着特别的联结。

其他人觉得具有第9号人格的孩子容易相处，但他们自己并不这么觉得。家长对待他们的时候，要像对待所有其他类型的孩子一样，要尽可能地温柔。家长要让这些孩子知道，你真的看见、听懂了他们，并且很珍惜他们。

具有调停者人格的孩子的十个常见问题

准时上学

具有第9号人格的孩子难以直截了当地告诉你，他们有什么问题。如果他们不能按时上学，家长就要费心去发现是什么原因造成的。孩子的睡眠是否充足？孩子是不是在对家长或老师生闷气？还是因为孩子有行为惯性，他们一做什么就不想停下来？无论是动着还是歇着，他们目前在什么状态下，就倾向于保持什么状态。在孩子准备上学的时候，可以放一些他们喜欢听的音乐，这可能会有帮助。在孩子准备好上学物品后，让他们吃上现成的美味早餐。要记住，如果家长喋喋不休，孩子就会冥顽不化。

创意来自米凯·弗里曼

学习习惯

有些具有调停者人格的孩子行动干练，学习有劲头，有些孩子则不能按时完成作业。家长可以鼓励这些孩子在每天同一时间内完成作业，因为具有第9号人格的孩子养成习惯后，就能完成更多的任务。

礼貌

具有调停者人格的孩子喜欢好好地表现自己,保持生活和谐愉快。然而,如果这些孩子表达不出他们自己想要什么,或不清楚他们自己想要什么时,他们可能会变得执拗,甚至咄咄逼人起来。

家长可以提供温馨、安全的家庭环境,让这些孩子感受到他们自身的重要性,从而使他们在与别人相处时感到自信和游刃有余。

与人相处

具有第9号人格的孩子通常都不是社交领袖,但可以充当宝贵的调停者。一般来说,他们喜欢幕后工作。这类孩子倾向于以积极的眼光看待事物。

作为朋友,具有第9号人格的孩子慷慨大方,善于支持别人,和他们一起玩游戏或进行体育运动会很有趣。他们是散步或长跑运动的爱好者,也乐于与他人分享他们的爱好,比如一起收集棒球卡片、玩玩偶娃娃等。他们可以说是大家公认的最好玩伴了。假如他们和小伙伴发生冲突,那么原因一般是他们过于迁就别人,而不是他们欺负了别人。

有时候,他们会因为不容易达到内在的和谐状态而感到抑郁、挫败或气馁。不过,他们很有韧性,能轻松地克服消极状态。

具有第9号人格的孩子可能在很长时间里都迁就权威人士,然后突然叛逆起来,变得顽固执拗。

(*编者注：倒挂金钟，又名灯笼花、吊钟海棠，是桃金娘目、柳叶菜科，原产于墨西哥。)

睡眠和饮食习惯

具有第9号人格的孩子喜欢享受感官愉悦，比如躺着晒太阳、睡觉、吃东西。如果他们看起来有压力，或不开心，那么晚上睡觉前给他们盖被子的时候是让他们倾诉的好时机，给他们足够长的时间来向你倾诉一天的遭遇。

具有调停者人格的孩子往往不急不慢。如果他们是最后才离开餐桌的人，不要因此批评或嘲笑他们。具有调停者人格的孩子喜欢维持和谐的氛

围,而这本身可能会带来压力。比如说,伯莎为了让妈妈不那么爱发脾气,吃饭总是会多吃点儿,超过她自己的饭量。

捍卫自我

具有调停者人格的孩子容易妥协。不过,翼型第8号人格和翼型第1号人格可能会极大地改变孩子的外在表现。父母可以帮助此类孩子树立自信,告诉孩子不要以为他们只要坚持自我,就会被别人讨厌。家长可以给具有第9号人格的孩子创造机会,来表达出他们的想法,并且亲身示范如何直截了当、态度平和地说出家长自己的想法。家长需要支持具有第9号人格的孩子,尤其在孩子还小的时候。

行动力

具有第9号人格的孩子看到的种种可能性太多,反而令他们裹足不前。家长可以在合适的时候帮助孩子明确他们自己想要什么。当孩子有了清晰的目标,就会动力十足地去追求。

做决定

有时候,具有第9号人格的人担心,如果表现出他们的需要,人们便不再爱他们。因此,他们拖延着不做决定,等着瞧会发生什么事。当他们做出决定的时候,往往已经深入且认真地考虑了各种选项,不会轻易地改变立场。为了帮助此类型的孩子树立自信,家长要从孩子小的时候就开始关心他们的想法和意见。

> 我正在犹豫是否要下定决心。不过,我也有可能去做些别的事。

情绪成熟

许多具有第9号人格的孩子都说，别人才认识他们不久，就会对他们说："你可真贴心！"

具有调停者人格的孩子通常会很有趣，很容易相处，给人很温暖的感觉。家长要关注各种人格的孩子的不同表现，并留意孩子的情绪状态，看看是安宁、柔和、生气，还是焦虑。如果孩子在哭泣，那么家长需要温和地探寻孩子哭泣的原因。如果孩子正在聚精会神地搭建积木，家长就不要打扰孩子。如果孩子看起来不开心，尤其在孩子很幼小的时候，那他就是真的不开心。家长可以让孩子依偎在身边，告诉孩子你喜欢看着他们，也喜欢倾听他们的感受和想法。

具有第9号人格的孩子在取得了成就之后，希望得到他人的掌声和赞许，但当他们真的得到掌声和赞许的时候，就会觉得难为情。即便如此，家长依然要对孩子表达出欣赏和赞许。

责任心

具有调停者人格的孩子通常都希望做正确的事情，并尽心尽责。如果孩子的翼型第1号人格比较强势，就会有更多负责任的倾向。有时候，他们会做事拖拉、分心，或一直做一件事而停不下来。

不要总是保护具有第9号人格的孩子。让他们经历自身行为所带来的后果，这将教会他们为自己的行为负责。

家长要注意自己个性与孩子个性的契合度。一些家长精力充沛，喜欢用尽全力（比如具有实干者或保护者人格的家长），有时候他们不能理解随遇而安、安逸放松的孩子。具有第6号（怀疑论者）人格的家长则会感觉这些

孩子能够给他们带来抚慰。当具有第 9 号人格的孩子的翼型为强势的第 8 号人格时，那么他们便拥有一种温柔的力量，来为整个家庭提供安全感。

闪亮而丰盛

⑨

'96
小时候的
卡罗琳娜·马克尔

卡罗琳娜长大后，促进和平依然是她生活中的大部分内容。她一直在教导别人：通过滋养每个人的内在艺术家气质，发挥出他们的创造力，就可以防止暴力冲突。不管是儿童还是成年人，都可以把自己对和平的愿景画在瓷砖上；然后，这些瓷砖被组装在一起，形成一面和平之墙。在这些以艺术促进和平的项目中，她扮演着母亲的角色，并且她也把这种方法传授给别人。迄今为止，她已经在三个国家竖立起三十一面和平之墙。

至此，你已经了解了九型人格的全部类型，现在可以翻到下一页，玩猜谜游戏了，猜猜他们都是第几号"人格"。

宠物猜谜游戏

□

我会让你感到快乐!

关爱他人的鲱鱼

□ 有力量的喵王

正确的鲸鱼

错误!

书呆鸟

□ "爱化妆的蝴蝶"

□ 工蜂

□ 有趣品种荟萃

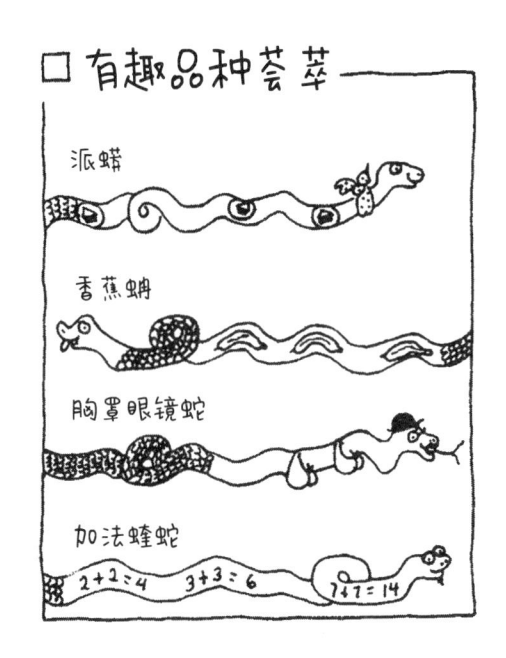

派蟒

香蕉�げ

胸罩眼镜蛇

加法蝰蛇
2+2=4　3+3=6　7+7=14

□ 紧张的蝾螈

□ 和平天鹅

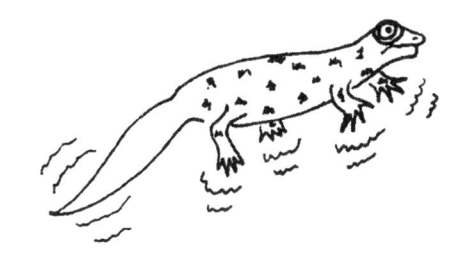

第十一章　父母和九型人格

父母的九型人格

在下列简短的故事叙述中,你可能会看到自己的影子。

第1号：完美主义者父母

虽然坚定的态度和条理化的日常有利于帮助孩子建立安全感,但是具有第1号人格的父母不妨灵活变通一些。约翰尼妈妈的性格属于第1号人格。她年幼的时候,没有得到她渴望的安定生活。现在,她的工作时间并不固定,所以她担心约翰尼会面临像她儿时一样的困扰。经过了漫长的思考,她最后终于鼓起勇气,和约翰尼谈了这件事。令她如释重负的是,约翰尼比她更为灵活变通,他喜欢每天都过得不一样。被具有第1号人格的家长养育成人的孩子表示,他们感激父母的稳定可靠,不过父母太爱批评人了。

第2号：给予者父母

通常来说,具有第2号人格的父母喜欢孩子,喜欢为人父母,并鼓励孩子发展兴趣爱好。这类父母对育儿非常投入,有时候会帮孩子做太多事情,使得孩子没有机会通过犯错来自主学习。具有给予者人格的父母很难说出他们自己的真实感受,难以说出他们应该说的话,因为他们觉得这些话太负面了。因此，他们通过操控的方式，来让孩子服从他们的意图。在被具有第2号人格的父母养育成人的孩子中，一部分很感激父母无微不至的照顾和全情投入，另一部分则认为这种教育方式让他们感觉窒息和压抑。

第3号：实干者父母

许多父母，尤其是具有第3号人格的父母，都希望自己的孩子具备第3号人格的特质，比如能量充沛、自信满满、动力十足、乐观向上。这些父母认为，孩子只有当上啦啦队长、班干部、专业人士，才会获得成功、感到快乐。然而，孩子有自己的个性，想要取得成功也有各种不同的途径。具有第3号人格的父母要善于发现和培养孩子的兴趣和才能，即使这些兴趣和才能与父母的不一样。在被具有第3号人格的父母养育成人的孩子中，一部分人本来性格就注重成功，因此感激父母所教给他们的一切，而另一部分人则觉得父母的心态过于狂热，爱出风头，并埋怨父母不花时间陪他们。

第4号：悲情浪漫者父母

具有第4号人格的父母可以给孩子提供深入的意见、创造力和温暖，同时也需要支持孩子发现他们自己的兴趣，无论是什么兴趣。对于性情平和的孩子而言，具有第4号人格的父母的情感有时候过于热烈，这可能会让孩子感觉不堪重负。大多数孩子都不像具有第4号人格的父母那样敏感。被具有第4号人格的父母养育成人的孩子通常会说，他们感觉父母的个性很迷人，但父母的情绪和忧郁气质让他们觉得害怕。而父母则会说，生儿育女的过程非常美好，充满惊奇，蕴含着深沉的感情，这些都让他们感觉心怀激荡，难以自持。

第5号：观察者父母

有些时候，具有第5号人格的父母很难抽身放下自己的事业和思绪，连接到孩子的频道。观察者父母需要谨慎小心，当他们的思绪沉浸在别的事情里时，不要对孩子表现出不耐烦，或用父母的权威压制孩子。鉴于具有第5号人格的人喜欢划分板块，那么他们可能更愿意每天为孩子留出一段时间，在这段时间里，他们要真正地关注孩子。被具有第5号人格的父母养育成人的孩子有时候会说，父母的疏远和冷淡让他们感到困扰，不过他们很喜欢父母异想天开的幽默感。有时候，具有第5号人格的父母发现，当孩子长到十来岁时，他们就能和孩子谈论一些更为复杂的话题，在这个时候，他们就对孩子产生了更多的兴趣。

第6号：怀疑论者父母

具有第6号人格的父母对孩子很是照顾，但是可能会过度保护孩子。他们需要鼓足勇气，才能放手让孩子走进暗藏危险的大千世界。然而，孩子只有学会了自主解决问题，才会更加安全。父母有时候可能会挖苦孩子，这点需要自行注意并克制，因为这么做会损伤孩子的自信心。讽刺和嘲笑孩子也是不应当的。被具有恐慌式怀疑论者人格的父母养育成人的孩子说，父母持续不断的焦虑让他们抓狂；而被具有反恐慌式怀疑论者人格的父母养育长大的孩子则说，父母的要求过于严格，期望值过高。无论如何，被这两类父母养大的孩子都说，他们的父母对自己上心尽责。

第7号：享乐主义者父母

具有第7号人格的父母喜欢爱玩的孩子。如果孩子的个性认真严肃、易焦虑或咄咄逼人，那么父母就需要做出大幅调整。举个例子，南希是一位具有第7号人格的妈妈，她儿子具有第8号人格。她带着儿子一起出门旅行，但儿子难以适应变化多端的旅游环境。于是，南希和丈夫决定，在旅途的后半程只待在一个地方。这类父母如果感觉带小孩限制了他们的冒险，那么可以考虑发展一些可以在家里安全开展且打断后可以继续进行的兴趣爱好。被具有第7号人格的父母养育成人的孩子认为，父母不规律的作息时间有时候让他感到困惑，不过他们又常常很喜欢父母给他们讲的故事和笑话。有的孩子埋怨说，父母渴望得到别人的关注，而不够关注别人。

第8号：保护者父母

具有第8号人格的父母喜欢保护孩子，并且在采取行动、富于自信方面，树立了很好的榜样。具有第8号人格的父母需要留意的是，他们的愤怒可能会摧毁孩子的心理健康，他们需要努力不把他们自己的意志强加给孩子。这类父母可能会难以适应自己的孩子，看不到孩子和父母有什么差异。父母需要仔细观察，孩子身上有什么他们通常不认为是优势的性格特点，比如后退一步的能力，以及表现出柔弱面的能力。被具有第8号人格的父母养育成人的孩子对父母有不同的说法。例如，朱迪具有第7号人格，她父亲具有第8号人格，她和父亲的感情很好。在朱迪小时候，父亲喜欢和她玩，教她唱歌，夸赞她。在她长大后，父亲支持她从事歌唱和演艺事业。

第9号：调停者父母

许多具有第9号人格的父母都拥有感知儿童心理、进入儿童世界的诀窍。他们能够为孩子提供充分的温暖和理解。他们可能需要努力做到的事情是，督促孩子完成任务，在该说不的时候说不。与其总是和孩子协商，不如在必要时采取坚定的立场，树立为人父母的权威。被具有第9号人格的父母养育成人的孩子通常说，他们和父母似乎能融合在一起，这样很有安全感，但是这常常造成孩子难以实现心理独立。这类父母支持孩子发展兴趣爱好，不管孩子开始学习什么，都会灵活变通地给予支持，孩子对此心存感激。

育儿哲理

下面这些育儿格言出自具有不同人格类型的成年人。他们中间有家长，也有心理学家、艺术家、科学家，以及教授九型人格理论的教师。他们都相信并遵循着下列育儿原则。

第1号：完美主义者

孩子最需要的是爱和接纳。

——亚伦·瓦赫特

做最好的自己。这不是要求或说教的结果，而是以身作则的成果。

——琼·瓦格勒

建立一套价值观体系，并始终如一地遵行。

——匿名

（这位具有第1号人格的人士担心自己的表述不够完美，因此选择匿名。）

第2号：给予者

不要过度保护孩子，不要把什么都裹上糖衣，不要隐藏真正的痛苦。做真实的自己，诚实地表达出你的失望和不快。

——薇琪·席尔瓦-史密斯

当个好榜样，始终如一地活出你的价值观和道德观。不管孩子年龄多大，这一条都适于为人父母者。

——西尔维娅·法尔肯

觉察孩子的感受和个体性。我们往往以为孩子属于我们；然而，孩子只是出自我们，却不属于我们。

——瓦伦丁·伊利奇

第3号：实干者

虽然做到这一点不容易，但是我一定会保证自己和孩子享有优质的沟通时间。而且，我们身为父母一定要清晰地表达出对孩子的爱意、欣赏和感激，营造出安全的沟通空间，不管沟通内容是喜是忧。

——阿里·麦肯

无条件的爱和支持必不可少。家长需要认识到，为人父母是一种责任，这个责任很美好，能给我们带来快乐，但它依然是一种责任。这些事情说起来容易，但实际做到却非常困难。

——汉克·桑切斯－雷什尼克

为人父母意味着支持孩子成长为独特的个体，支持孩子探索并表达出全方位的自我。父母如何才能做到这一点呢？答案是通过给予爱、安全感和引导，并愿意同孩子一道体验生命。

——贝琳达·戈尔

第4号：悲情浪漫者

最重要的是让孩子感到被看见。

——安妮玛丽·苏德曼

在孩子施展他们的自信心、寻找他们在世界上的位置时，不要干涉孩子。

——霍华德·马戈利斯

在孩子幼年时，要接纳他们的真实感受，要关注孩子，确保孩子知道父母重视他们。孩子不只是"做事"的机器。

——大卫·德尔·特雷迪奇

第5号：观察者

我希望孩子做他们喜欢做的事。我尽量不给他们施加压力，让他们树立自信。我不能强迫他们做他们不想做的事。

——格斯·瓦格勒

如果父母努力建立并维持诚实、亲密的夫妻关系，孩子就会看到健康的成年人会采取什么样的行为方式；当父母用同样诚实、亲密的态度来对待孩子时，爱将自然而然地联结彼此。

——乔治·伍德沃德

有了孩子之后，我用九型人格工具来育儿，对此我感到幸运。我是第5号人格，我父亲也是第5号人格，我们之间感觉比较疏远。

我不想和我儿子也感觉这么疏远，因此在儿子出生后，我全力以赴地投入自己，关注孩子。我也很注意保护儿子，因为他像是个具有怀疑论者人格的孩子，好像非常敏感，需要保护。通过积极关注我外在的孩子（我儿子），我疗愈了我内在的孩子。

——迈克尔·加德纳

第6号：怀疑论者

花足够多的时间和孩子在一起，了解孩子需要什么，想要什么。

——大卫·奥尔森

为人父母的我们要意识到，我们不能教孩子，而只能亲身示范。我们要活出榜样的样子。我对儿子的教育目标是让他能够应对这个乱糟糟的世界。

——鲍勃·弗内克斯

家长既要给孩子自由，也要给孩子制定一些规矩，让孩子既能得到成长，又感到有安全感。指导孩子培养起强烈的对错意识。在帮助孩子觉察并表达出他们的情绪感受方面，我取得了最大程度的成功。

——阿莱特·施利特－格森

第7号：享乐主义者

像对待重要人物一样对待孩子，让他们树立良好的自我形象。通过语言和行动让孩子知道，不管他们做什么，都是被爱着的。

——南希·凯塞林

树立孩子的自信心。

——梅莉·斯科特

身为一名教师，我见过太多家长把自己的目标强加给孩子。家长应该支持孩子，不管发生了什么，让孩子做自己。

——卡罗尔·奥尔森

第8号：保护者

别拦孩子的路，别让他们搞砸了。

——乔伊斯·伯克斯

家长需要看到每个孩子的本质，发掘每个孩子的特长，并体验这个过程中所蕴藏的喜悦。

——彼得·奥汉拉汉

父母需要孩子，这一点不仅对于家长来说很重要，对孩子来说也极其重要。除此之外，父母应该提供大量可以让孩子参与的有趣活动，促进孩子的身心发育。当父母倾听孩子，给孩子读书，带孩子去有趣的地方时，孩子便充满生命力。现在，有许多孩子过不上有趣的生活，而只是被动地接受电视机传达的二手生活。

——迈克尔·库克纳姆

第9号：调停者

关注孩子的内在体验。

——伯莎·赖利

告诉孩子，我们会一直支持他们。请给孩子安全、有保障、舒适的生活，让孩子幸福。

——海伦·迈耶

父母要让孩子活出孩子自己的样子，而不要试图把孩子塑造成父母期待的样子。父母要信任并支持孩子，并意识到父母的担忧实际上可以毁掉孩子。

——加里·福尔茨

父母爱孩子，就意味着父母要支持孩子，在行动中考虑到孩子的长期福祉。

——吉姆·瓦格勒

第十二章　二十个其他问题

下列大多数问题在前文中都没有涉及。现在，你已经知道孩子的九种人格类型，并初步了解了成年人的九型人格，让我们来看看怎样把这些认识应用在家庭生活中。

尿床

在孩子六七岁之前，尿床都是正常的。（我们身为父母，没能在孩子两岁的时候就训练好孩子控制大小便，因而感到失败也是正常的。）如果你家孩子已经满了六周岁，那么在下午四五点之后，不要让孩子进食任何液态食物，并且让孩子在上床之前去一次洗手间。在你睡觉之前，再让孩子去一次洗手间。即使孩子拒绝或坚持说自己不想去洗手间，也要把孩子带到洗手间里，让他们坐在马桶上，或站在马桶前面。这些孩子能睡得很熟。有些孩子会到十二岁、十四岁或更大年龄时才能彻底不尿床，但这种情况比较罕见。父母要有耐心，不要责骂、惩罚孩子，也不要让孩子自己洗床单。

制订一个奖励计划。如果孩子连续两天或更多天没有尿床，便可以得到奖励，并把这个奖励计划连续实施数月。父母要支持孩子，因为这个问题对孩子而言可能很艰难，尤其在小伙伴家过夜或夏令营的时候。父母要留意孩子尿床后的反应：是内疚、恐惧、愤怒，还是无动于衷？有些孩子很肯定他们明天就不会尿床了，但有的孩子却担心他们即使在当了爷爷奶奶之后，也还会尿床。孩子有自己的感受和心理反应，家长不要假设孩子的反应会与家长一致。

咬人

如果幼儿咬了你，或者当着你的面咬别人，你一定要态度坚定地说："不能咬人！很疼！"但不要反应过度。孩子最终会理解你的反应，不再咬人。你要向孩子解释，咬人会让别人感觉很疼，但不要让孩子觉得他做了坏事。这种做法不仅有效，还能培养孩子的同理心。

如果孩子有咬人的习惯，那么家长要在孩子心情比较愉快、已经吃饱喝足（这点很重要）的时候，邀请其他孩子来一起玩一小会儿，并努力维持游戏场面的和谐与安宁，同时要选比较成熟、能够自我防卫的孩子来当玩伴。当孩子咬人的时候，家长不应该只关注自己生气或挫败的感受，而是要努力看到孩子通过咬人传达着什么信息。孩子是太累了吗？孩子在试图通过咬人来压制其他孩子吗？孩子想让玩伴离开吗？

服装

鼓励孩子在你的预算范围内选择他们喜欢的衣服的颜色、面料和风格。尽管对那些以时尚品位为荣的父母来说，做到这一点很困难，但父母还是要避免把自己的品位强加给孩子。在适当的时候，父母可以鼓励孩子给自己买衣服。

沟通

在孩子还是小婴儿的时候，父母就需要多多和孩子说话，可以说日常的语言，也可以说"婴儿语言"。不过，等孩子已经开始蹒跚学步、学习说话的时候，就不要对他们说婴儿语言了。家长要好好听孩子说话，不要替孩子说话，不要抢在孩子前面把他们没说完的话说完。如果孩子词不达意，家长要宽宏大量，并回想一下自己小时候也曾经词不达意。

等到孩子年龄合适的时候，就可以开始每周一次或两周一次举行家庭会议了。家长一定要保证带着开放的心态倾听孩子。家长要鼓励孩子坦诚开放地表达自己的感受，不要压抑孩子的不同感受。在孩子表达的时候，家长不要批

评或嘲笑孩子。如果孩子没有什么感受要表达，家长不要试图像挤牙膏一样迫使孩子表达。

家长和孩子一起讨论问题的时候，要一同设计多种解决方案，然后让孩子从中选择一个方案。如果孩子也参与了解决问题的过程，那么他们就会做出更大的努力，从而让方案能够取得成功。有些家庭喜欢在遇到紧要问题的时候，才举行家庭会议。

所谓的黄金法则（你愿意别人怎样对待你，你就要怎样对待别人）并不是理想的沟通工具，因为它假定我们所有人都喜欢同样的对待方式。更好的办法是，教会我们的孩子同理他人，用别人喜欢的方式来对待别人。

举个例子，我和苏珊娜一起开车参加聚会，车程有一个半小时。我们俩叽里咕噜地说

我们应该教导孩子，他们既可以为自己说话，也可以告诉别人他们需要什么，希望被怎样对待。

个不停，苏珊娜十岁的儿子朱尔斯静静地坐在后座上。二十分钟之后，朱尔斯坐直了身子，往前靠了靠，坚定地说："我想，你们应该意识到车里有三个人，也得和我聊聊天。"

有时候，间接的沟通方式让人感觉更舒服一些，比如写信或艺术表达。如果你的孩子经历了创伤，那么可以让孩子在一个安静、安全的环境中把创伤经历画出来，通过戏剧的形式表现出来，或者只是通过倾诉表达出来。

管教

> 你越有条理，做事越有预见性，越是以温柔、坚定的态度对待孩子，就越不需要事后惩罚孩子。
>
> ——斯坦利·图雷茨基，医学博士

如果刚学会走路的孩子开始往马路上走、玩电，或者拽猫尾巴，那么家长要及时、坚定地出言制止，并赶紧把孩子带回安全的地方。家长需要温柔地设定界限，也需要使用权威。在孩子长大一些后，家长可以写下一些规则，包括违反规则的后果。如果孩子不好好表现，家长要严肃、坚定地制止，但不要大喊大叫或吓唬孩子。家人之间不要为了惩罚孩子这件事互相争执，为惩罚而惩罚从来都没有必要，但是你如果需要惩罚孩子，那么可以尝试让孩子自己一个人冷静一段时间，或者暂时撤销孩子的一项权利。

如果孩子做了让别人感到痛苦的事情，就问问孩子，对方可能有什么感受，他应该怎么处理这个情况。

在家里，如果孩子凡事都能按部就班地做，便能够减少冲突和压力，但太过循规蹈矩，则会让一些喜爱自由的孩子感觉像是在坐牢。当孩子受到了太多的管教或批评时，他们常常表现出缺乏自信的迹象。

家长和老师常用的一个管教策略是"冷静时间"（time-out）。当孩子有不良表现的时候，让孩子到自己的房间或其他安静的地方待五到十分钟，这能让孩子离开冲突的现场，冷静下来，而且能够中止负面行为。它也让孩子

知道，刚才的行为方式是别人所不能接受的。

有些时候，更有效的管教方式是让孩子靠近你（保护孩子），而不是让孩子上一边待着去。他们可能会对自己刚才的情绪化表现感到不知所措，需要一个心理健康的成年人给予接纳和抚慰。把孩子带到房间，和你坐在一起，或者你抱着孩子。允许孩子表达他们的感受，并承认他们的感受。你可以参考第171页"兄弟姐妹"部分，并阅读相关例子。

离婚

在孩子的意识里，如果父母一方离他们而去，那么另一方也可能会离去。如果孩子这时退行*（*编者注：退行是弗洛伊德提出的心理防御机制，是指人们在受到挫折或面临焦虑、应激等状态时，放弃已经学到的比较成熟的适应技巧或方式，而退行到使用早期生活阶段的某种行为方式，以满足自己的某些欲望）到小时候的行为表现，那么这完全讲得通，因为旧的行为模式让孩子感到熟悉、有安全感。父母在离婚后，要继续保证孩子的生活有条不紊，维持原来的教养方式，继续进行生活中的庆祝仪式，例如庆祝生日，但用不着给孩子买一百万个礼物做补偿。还有，当你谈到前配偶的时候，要特别谨慎自己说了什么，因为孩子知道，他自己的一部分来自那个人。向孩子解释你们为什么要分开，不要让孩子感觉父母分开是孩子的错。

要让孩子知道，你在乎离婚对孩子有什么影响。

如果你重新组建家庭，那么孩子可能不愿意。由于你和新配偶的关系并不等同于孩子和这个人之间的关系，所以你需要向孩子解释，和这个人组建家庭对于你自身而言是正确的举动，并要宽慰孩子，告诉他，你依然非常在乎他的感受。

毒品

孩子只有相信自己有能力做出良好的判断、能自己解决问题，才能够以健康的态度对待毒品和酒精。如果家长喜欢道德说教、控制孩子，或者过度保护孩子，那么就不能真正地帮到孩子。如果孩子看见父母通过毒品或酒精来麻醉自己，不去面对问题，那么孩子就可能模仿父母的做法。

然而，即使父母的生活方式很健康，孩子也可能在毒品方面受到诱惑。孩子如果相信自己，对现实世界有良好的把握，那么就知道什么时候该远离毒品，停止猎奇，远离某些场合。父母要告诉孩子毒品对他们身心的危害性。告诉孩子，你反对使用毒品，他们如果在生活中遇到了难题，大可以向你求助，你可以给他们提供安全的港湾。孩子如果感觉自己受到接纳、相信自己的能力、有自己的兴趣和技能，就不太可能参与危险有害的活动。

父母在发现孩子吸毒时，往往会感到内疚和愤怒。孩子需要的是父母、家庭和专业领域的帮助，而不需要惩罚。有一些团体为孩子吸毒的父母提供教育和支持，并建议父母如何规劝孩子，还会在必要的时候开展介入和治疗。

吸毒的一些外在迹象包括孩子行为的改变，如旷课、抑郁、敌对、成绩差、偏执、撒谎和偷窃；身体上的症状包括干咳、红眼和嗜睡。

饮食障碍：暴食症和厌食症

孩子有饮食障碍可能会令人心碎。孩子如果有饮食障碍，就往往会采取隐瞒措施。父母发现孩子饮食状况的时候，可能会感到万分惊讶而又不知所措，以至于想要惩罚孩子。

暴食症患者往往把吃东西、吃饱的感觉同心理舒适以及被爱的感觉联系起来。暴食症（不能停止进食）和暴食后催吐常常开始于青春期，女孩比男孩更为常见。强迫性节食、强迫性暴食的人可以前往"暴食症匿名互助协会"（Overeaters Anonymous）获取帮助。有时候，也需要采取其他解决办法。

厌食症患者抗拒食物，喜爱节食的过程。虽然厌食症造成的死亡人数高于其他任何一种精神疾病，但是往往很难让厌食症患者相信为瘦节食是有害的。他们通常都需要专业的康复项目来为他们提供关爱和帮助。在一些案例中，患有厌食症的孩子感觉自己受到过度的控制、过度的保护或者过度的要求。与生活中的其他方面相比，他们往往只有在饮食方面才能感受到自己的力量和掌控感。

厌食症对身体有很大危害。厌食症可能造成女性闭经，使身体毛发变细、变软等。从营养层面来看，身体中的锌元素和其他矿物质含量可能会下降到危害身体的水平。从社会层面来看，我们需要反思我们文化中以瘦为美、抗拒体重的倾向。我们还需要想一想，我们多么频繁地谈起体重问题，尤其在孩子面前。

当人们习惯于暴食后催吐，就是患上了暴食症，是青少年中最常见的一种饮食问题。最开始的时候，孩子往往只是想通过催吐来控制体重，而后慢慢演化为一种强迫性做法。催吐造成胃酸反流，不光腐蚀牙釉质，还会造成许多其他伤害。暴食后催吐往往会使当事人感到愧疚，不能把真相说出来，性格也会发生变化。暴食症和催吐都有可能造成心脏病发作。

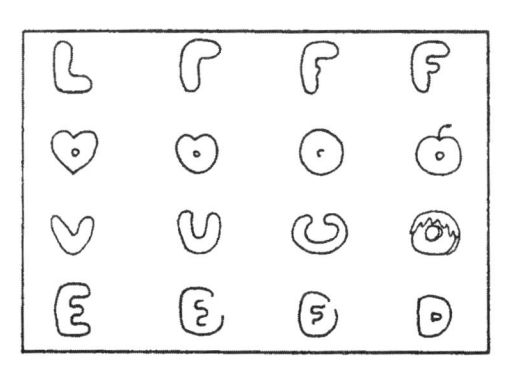

罹患饮食障碍的人一定要接受治疗或参与康复项目，否则，他们可能会用

另一种成瘾来代替目前的成瘾。

在有需要的情况下,请前往大型医院就诊,寻找诊治方案。通过朋友、家庭医生、健康项目或医疗保险来寻找具有资质的治疗师或康复计划。

教育

父母可以在家中营造一种激发学习欲望的环境:查阅字典、重视书籍、探讨各种思想和艺术。在你读书的时候,不要一个人躲起来读,而是要让孩子看见。念大量的书给孩子听。给孩子展示怎么玩字谜游戏和其他猜字游戏。发现孩子对什么感兴趣,带孩子去图书馆寻找相关话题的书籍,还可以在电脑上搜索孩子感兴趣的话题。

家长要考虑孩子的年龄和学习人格。小婴儿喜欢黑白分明的画面,或其他色彩对比明快的物品,如手机;大一些的婴儿随着成长能够觉察到更微妙的色彩变化。等孩子会爬以后,要给孩子提供一个能够自由探索的"窝"。上天才早教班,或者用闪卡教幼儿学习,远远比不上你的拥抱和陪伴。家长需要注意到,孩子天生的学习人格是什么,比如说他们对视觉材料更敏感,还是更喜欢听觉材料(电脑和手机上的内容有的能够照顾到视觉和听觉两种学习方式)。孩子是更多地以自己为参照(如享乐主义者),还是以他人为参照(如实干者)?他们在了解新事物的时候,喜欢先从整体概况开始吗?孩子是喜欢通过打比方、讲故事的方式学习,还是喜欢直接学习知识?他们是一步一步地吸收信息,还是喜欢一

口气了解全部？竞争会让孩子感到动力十足，还是会让他们感到紧张？

我交谈过的一些老师担心地说，许多孩子在外奔波的时间过长，没有多少时间待在家里，这样，他们在课堂中学习的时候，会感到太疲劳。虽然许多家庭都缺少看孩子的人，但是父母双方或许可以尝试调整一下日程表，轮流看孩子。这样可以让孩子在家里多待一会儿。

朋友

家长可以向孩子示范，如何做到既诚实又委婉。教孩子如何相互介绍，如何处理分歧，如何委婉地说出很难说出来但必须要说的话。让孩子和具有其他人格的孩子相处，有助于平衡孩子的性情，激发孩子的成长。

教孩子输得起。让孩子吸收"胜败乃常事"的人生哲理。如果孩子参加组队游戏，那么要给他们加油打气。如果他们输了，则要教他们学会祝贺对手。

健康

如果孩子害怕看医生，家长不要简单地认为孩子在小题大做。在选择儿科医生的时候，要看看医生能否敏锐地体会到孩子的感受，并愿意花时间和孩子说一说目前在做什么事情。有的家长对孩子要求过高，对孩子说"你都这么大了，还哭""打针这么小的事"这些话。家长如何建立孩子的信任感呢？就是要讲真话，告诉孩子打针会疼，但只会疼一小会儿。让孩子知道，他们感觉害怕是可以理解的，然后用更愉快的事物来转移孩子的注意力。

家长们经常会犹豫不决太长时间：该不该去看医生呢？这种担忧本身就会拖延孩子的康复过程。如果你担心孩子病得严重了，就该去看医生。这一点同样适于其他的儿童发育问题，例如孩子的语言能力发展。如果你对孩子、自己或家人的心理状态有疑问（发生了突然的行为变化），那么就应约见心理咨询师。

金钱

管理金钱是一项重要的生活技能。家长每周给孩子一笔零花钱（与让孩子做家务无关），给孩子开一个储蓄账户。具有完美主义者人格的孩子尤其喜欢管理银行户头，确保自己没有超支。对条理性不是那么强的孩子，我们更要让他们早早就开始学习管理自己的金钱。而在孩子十二到十四岁时，我们可以每个月给他们一笔钱，让他们自己买东西。

如果孩子想要更多的零花钱，那么家长可以雇孩子做本来要雇别人做的事情。

俄狄浦斯期

孩子四到六岁的时候，会变得非常依恋异性父母，让同性的父母感觉自己被孩子抛弃了。

我的一个女儿在这个时期的时候，我觉得她长大以后要和爸爸结婚。这个阶段是正常的，对于孩子的成长与独立性是有必要的，不过它常常让家长感到内疚或内心冲突。如果一切进展顺利，孩子会不知不觉地逐渐明白，他们不能取代同性家长的位置。不管你是那个"被抛弃"的家长，还是那个"被爱上"的家长，都要给予孩子理解和接纳，但是同时要态度坚定地表达你对另一半的忠诚。我们身为家长，努力不要把孩子的这个成长阶段看成是自己失败的表现。你保持温和而坚定的态度，将帮助孩子顺利地度过这个成长阶段。

家长之间的育儿理念不同

> 除非婚姻关系得到维护，像花儿一样得到滋养，除非婚姻关系中的每个人都有机会得到个人发展，否则家庭系统就会变得扭曲，让孩子的发展失去重心。

——弗吉尼亚·萨提亚

如果夫妻意见不一致，只要双方互相尊重，那么在大多数情况下，都可以在孩子面前表现出来。然而，要尽量私下对育儿原则达成一致意见，面对孩子的时候要形成统一战线。在必要的时候，夫妻之间可以达成协议，比如说："如果你愿意多陪家人外出，我就同意让孩子周末回家的时间延后一小时。"如果父母一方不同意某条育儿原则，那么请私下协商。如果父母双方的育儿人格差异巨大（比如一方是重视条理、严格要求的第1号人格，另一方是轻松随意、宽厚仁慈的第9号人格），那么两个人不妨尝试用幽默感化解可能存在的冲突。

有时候，父母双方站在对立面，只是为了反对而反对，这不是育儿理念不同，而是夫妻关系出现问题的征兆。如果夫妻之间的分歧给家庭里的任何一个成员造成了不该有的压力，那么就请寻求专业人士的辅导。

如果父母双方对孩子的学习持有不同的态度，那么两个人可以参照第三方的观念，比如学校的教育准则。家长团结在老师的周围，努力达成老师的教育目标。如果夫妻二人不能达成一致意见一起接受婚姻辅导，那么一个人去接受辅导也是好的。

自律

当家长允许孩子利用自己的资源来重复做他们擅长的事，孩子便能够提升技能，并自然而然地自律起来。例如，父母允许我尽情地花时间在钢琴上摸索我喜欢的旋律。等我找到喜欢的旋律后，我就会进一步摸索怎么在里面加入和弦。掌握和弦之后，我又加上低音和装饰音，以此类推。这个过程并不简单，我有时候会感到气馁，但我想要"拥有"我听过的旋律，所以我觉得花那么长时间摸索和练习是值得的。通过这种方法，我锻炼了乐感。与此同时，我还锻炼了学习能力和自主练习的能力。

成年人经常说，由于小时候父母控制过度，他们锻炼自律能力的节奏被打乱了。父母可以设定一些重要的界限和规则，并强制执行。如果家长做不到这一点，那就该让孩子自由地做自己，并从他们行为的自然后果中汲取经验教训。举个例子，格斯的妈妈准备了他最喜欢吃的晚餐，可是他却在饭前吃了一大碗爆米花，尽管他爸爸让他不要吃。等格斯再想吃东西的时候，玉米粉蒸肉馅饼已经没有了。这件事对孩子学习自律有很大的帮助。

给青少年留出空间，让他们自己努力解决财务问题和其他问题吧，这有助于培养他们的自尊、独立和自律的品质。家长不要耐不住性子，替孩子做决定。不过，父母可以帮助孩子解决一些无心之过，毕竟每个人一生中都有那么一两次汽车开着开着没油了、旅行玩着玩着钱包空了的情况。

性知识

关于性的话题会时不时地出现，有时候比较隐晦，有时候比较直白。关于这些话题，家长要保持幽默感，不要进行道德说教。如果小孩子提出关于性的问题，那么就回答那些问题。等孩子长大后，要用关心的态度和口吻与他们谈谈你认为很重要的话题（比如自慰、月经、性生活、避孕）。在孩子成长发育的不同阶段，可以重复解释相关问题。和孩子探讨艾滋病以及其他性传播疾病，还有在选择伴侣方面心态成熟的重要性，以及什么时候才适宜开始性生活。给孩子一些他们可以自行参考的小册子或书籍，鼓励孩子有问题时来问你。

一些少女之所以会怀孕生子，是因为她们想要创造一个爱的对象，为自己带来全新的生活，或者为了得到她们孩提时代没有享受过的爱和关注。相较之下，那些有自己的核心利益、对未来有强烈期盼（职业发展或上大学）的女孩不大可能愿意放弃自己的追求，早早地怀孕生子。青少年如果感受不到同伴的接纳，就尤其容易受到性和毒品的诱惑。不过，即使孩子与周围的伙伴格格不入，只要父母能够给他们提供爱和接纳，他们就会对自我身份有信心，能坚守自己的选择。

兄弟姐妹

当孩子有了新出生的弟弟、妹妹时，往往会感觉不太适应。这个时候，家长要鼓励孩子表达他们的感受，并承认这些感受的合理性。如果两岁的大宝用力打小宝，那家长可以抱起小宝来抚慰，同时让大宝靠近你身边，表达出你的不赞同。告诉大宝，不能打小宝，说："我知道你感觉伤心，但你不能打人。"这样的处理方式制止了大宝的行为，但同时不让大宝感到自己是个坏孩子。你通过刚才的办法承认了大宝感受的合理性，大宝只是想知道你还爱他、重视他。

当亲戚朋友来探访新生儿的时候，告诉他们要给予家里的其他孩子同等的关注。为防他们只给小宝带了礼物，而没给大宝带礼物，你可以自己准备一些小礼品，留着送给大宝。

努力把兄弟姐妹之间的争风吃醋放到明面上，这样才能进行妥善处理。几乎所有的兄弟姐妹都会打架、互相竞争，但只要整体来说相处融洽，冲突不太极端，父母也不要太在意。由于总有孩子块头更大，个性更强势，所以父母保持淡定着实不易。努力让孩子自行解决他们之间的问题。即使父母树立了从不嘲笑、不贬低他人的榜样，孩子也可能还是常常对彼此态度很恶劣。如果一个孩子对另一个孩子表现出过多的恐惧、忧虑、迁就、回避或攻击，请咨询家庭治疗师。

性格与父母相似的孩子通常会得到父母更多的积极关注。例如，如果父母是第8号人格，就可能更加欣赏

（*译者注：这幅漫画生动形象地再现了密歇根州的地图。）

具有第8号人格的孩子，而比较忽视那些个性安静的孩子。请注意你家中是否也有这种情况。

单亲家庭

如果你是单亲父母，那么可以尝试让孩子和其他成年人建立联系。让孩子接触各种类型的人，让他们知道，每个成年人都有不一样的想法和行为方式，这样对孩子有好处。此外，孩子需要看见有些大人和他们具有类似的人格，从而感受到来自他人的确认。很重要的一点是，孩子需要时不时地摆出与父母对立的姿态，这样才能走向成熟和独立。如果孩子在成长过程中很少与外界接触，那么他们对父母的依恋可能会过于强烈，以至于他们可能不敢冒险同父母产生分歧。鼓励其他亲戚朋友参与到孩子的生活中来，这样，孩子就不是必须只依赖你了。

有些人主动选择成为单身家长，而另一些人则因为配偶的分离、死亡或遗弃而突然陷入单亲家长的角色中。露是一位具有第7号（享乐主义者）人格的单身女性，将近三十岁，正考虑去当修女。

她在非洲一个基督教机构工作时，一个丧母婴儿被送到了医院。她和这个孩子产生了情感联结，于是她决定收养这个孩子，不进修道院了。她自己的母亲是一位有六个孩子的寡妇，这为她树立了单身母亲的积极榜样。她发现，成为单亲妈妈的决定挺容易的，她从来没有为此后悔过。这个孩子给她带来了新鲜和激动的心情（尤其在孩子十来岁的时候），与此同时，她仍然能够在她生活的其他方面找到成就感。

压力

孩子会对什么感到有压力通常取决于他们的性情。例如，有的人可能觉得照顾宠物是负担，而有的人即使是照顾同样的宠物，也不会感到麻烦。父母的个性也是孩子压力的另一个来源，例如：

- "舞台妈妈"*（*译者注："舞台妈妈"，原文 stage mom，指忽略儿童的发展需要、常常逼迫儿童参加舞台类演出的家长。）（也可能是爸爸）以关注孩子生活的方方面面为生，会给孩子带来巨大的压力。
- 如果具有第1号（完美主义者）人格的父母总是在想方设法地给孩子提意见，孩子可能会感觉自己被贬低了。
- 具有第2号（给予者）人格的父母可能会给孩子提出太多建议，侵犯孩子的个人界限，压制孩子的个体成长。
- 具有第6号（怀疑论者）人格的父母可能会不停地提醒孩子、告诫孩子，致使孩子焦虑，而且让孩子感觉他们照顾不了自己。
- 有嫉妒心的父母可能给更漂亮、更强壮或者能力出众的孩子找碴儿，让孩子感到难过。
- 具有第4号（悲情浪漫者）人格和第7号（享乐主义者）人格的父母喜欢别人关注他们，希望别人说他们很棒，而孩子需要他们的关注，他们可能会因此而觉得心烦。
- 具有第5号（观察者）人格的父母可能会过于负面、冷漠，或过于强调家长的权威。
- 具有第3号（实干者）和第8号（保护者）人格的父母可能会过度催逼孩子，或者太忙。
- 具有第9号（调停者）人格的父母以及具有其他人格类型的父母如果过于放任孩子，孩子会感觉缺少父母的引导，这也会造成压力。

压力可以表现为多种方式，比如异常整洁、咬指甲、过度吹牛、神经兮兮等。尽量不要对孩子的这些行为反应过度，但也不要毫无反应，而是要寻找给孩子造成压力的原因。如果孩子的这些表现让你或孩子感到非常不安，请咨询医生。

身为家长，我们需要觉察孩子的性格对我们有什么影响。孩子看起来很悲伤、很害怕、太消极或太嚣张，我们都可能会为之感到内疚。他们话痨、太理性、行为戏剧化或精神紧张，都可能会使我们感到惊慌失措。如果我们自己的内在觉察水平不高，那么即使是孩子的优点，也可能会让我们感到有压力，因为与孩子相比，我们可能会感觉自己懒惰、拘谨、软弱、无能、乏味或贪心。

戏弄孩子

有时候，父母用孩子的外貌给孩子起外号，像"小矮子""小胖子"或"小雀斑"之类。我们可能会觉得这样很有趣，或充满了爱意。但是，对孩子来说，这种行为以及过分的挠痒痒、吓唬都会让孩子觉得自己很渺小、很无助。如果你认为你说了一些让孩子感觉受伤的话，那就要向孩子道歉。如果你自以为说了俏皮话，而孩子没有笑，那就不要再这样说了。作为家长，我们还有好几百种既可以和孩子一起玩，也不会对他们造成负面影响的方法。

我们应该发掘孩子的天赋、情感、兴趣和需求，温柔地拓展孩子的世界，帮助他们拥有更多的安全感和自信。了解孩子也将使你的人生更加丰富，还能改善所有的家庭沟通。虽然家庭成员之间发生冲突是不可避免的，但是，孩子需要在内心深处感受到家庭成员之间的情感联结，他们需要感到安全和舒适、受到了尊重、得到了理解。

成年人笔下的儿童时期自画像

下面这些图画由九种人格类型的成年人创作，集中展现了他们印象中童年时期的自己，其中一些有签名的自画像曾在前文章节中出现过。

后 记

虽然我们觉得，我们最像九型人格中的某一种类型，但实际情况是，每个人都包含着所有九种人格的特质，只是程度不同而已。

核心类型　　翼型　　翼型　　箭型　　箭型

潜伏型

推荐阅读

一、关于九型人格的著作

1. Baron, Renee（第2号人格），and Elizabeth Wagele（第5号人格）. *The Enneagram Made Easy*. San Francisco: HarperSanFrancisco, 1994. 这本书用一些原创漫画来帮助读者理解书中的观点，既适合九型人格理论的初学者阅读，也适合相关研究领域的专家阅读。这本书包含一些自我评估清单，以便读者发现自己的类型，其中有一章内容讲解如何把九型人格和迈尔斯 – 布里格斯类型指标（简称为MBTI）结合起来。

2. *Are You My Type, Am I Yours?: Relationships Made Easy Through the Enneagram*. San Francisco: HarperSanFrancisco, 1995. 这本书扩展了 *The Enneagram Made Easy* 一书，也可以单独阅读此书。写作风格与 *The Enneagram Made Easy* 一致，囊括了子类型、名人案例，每种类型如何与其他类型相处，不同类型的相似之处，以及如何结合九型人格与MBTI来解释人际关系。行文幽默，有助于夫妻在探讨亲密关系时放松下来。

3. Condon, Thomas（第6号人格）. *The Enneagram Video and Movie Guide*. Portland, OR: The Changeworks, 1994. 我经常参考这本书，能从电影中了解不同类型人士之间的交往互动。

4. Horney, Karen（可能是第5号人格）. *Our Inner Conflicts*. New York: W.W.Norton, 1945. 虽然这本书的主题不是九型人格，但是第三、四、五章与

几个三元组有关。这本书观察敏锐且具体。

5. Hurley, Kathleen V.（第 3 号人格）, and Theodore Dobson（第 4 号人格）. *What's My Type?* San Francisco: HarperSanFrancisco, 1993. 这本书的作者富有创造力，对九型人格富于疗愈性洞见。

6. Naranjo, Claudio（第 5 号人格）. *Character and Neurosis.* Nevada City, CA: Gateways, 1994. Naranjo 对九型人格在心理学和精神健康领域的发展做出了卓越贡献。这本书极有见地，适合进阶学习者阅读。

7. Palmer, Helen（第 6 号人格）. *The Enneagram.* San Francisco: Harper & Row, 1988. 这本书对九型人格理论进行了全面研究，作者的 *The Enneagram in Love and Work* 是关于九型人格的必备书籍。她常常在课程中采访九型人格的典型代表，因此很有名。

8. Riso, Don（第 4 号人格）. *Personality Types.* Boston: Houghton Mifflin, 1987, updated in 1996. 作者 Riso 著作颇丰，其中，这本书是关于九型人格的经典书目之一。此外还有 *Understanding the Enneagram.* Boston: Houghton Mifflin, 1990. 我还推荐 Riso 及其合作者 Russ Hudson（第 5 号人格）的书。

9. Rohr, Richard（第 1 号人格）, and Andreas Ebert. *Discovering the Enneagram.* New York: Crossroad, 1990. 从精神引导的角度来看待九型人格。这本书的字里行间充满了力量，带着温和的幽默感。

10. Thomson, Clarence. *Parables and the Enneagram.* New York: Crossroad, 1996.

二、关于九型人格的期刊和其他资源

1. *The Changeworks Catalogue*, P.O. Box 10616, Portland, OR 97210–0616. 此资源包含 Thomas Condon 等人创作的关于九型人格、神经语言程序学（简称为 NLP）和艾瑞克森催眠的磁带和书籍。

2. *The Enneagram Educator*, 其编辑 Clarence Thomson（第 7 号人格）是一

位富有创造力的作家和思想家。这份刊物生动活泼,一年出版四次。你可以从此处订购书籍和磁带,探索最新内容。

3. *Enneagram Monthly*, 117 Sweetmilk Creek Road, Troy, NY 12180–9510。刊物文章从多个角度介绍九型人格。

4. *The International Enneagram Association's Newsletter*, P.O.2625, Westfield, NJ 07090–9998.

三、育儿类著作

1. Brazelton, T. Berry. *Touchpoints: Your Child's Emotional and Behavioral Development.* Reading, MA: Addison Wesley, 1992. 这本书文风轻松,阅读体验良好。作者拥有多年的丰富经验,在书中提供了考虑周详的解答。

2. Brooks, Andree Relion. *Children of Fast-Track Parents: Raising Self-Sufficient and Confident Children in an Achievement-Oriented World.* New York: Penguin Books, 1989. 这本书讲述了不同类型的孩子对严厉的父母会有什么反应。

3. Caron, Ann F. *Don't Stop Loving Me.* New York: H. Holt, 1991. 这本书适合养育青春期女儿的母亲。

4. *Strong Mothers Strong Sons.* New York: HarperPerennial, 1995. 这本书引人深思、直接坦率,又有幽默感,非常适合养育十来岁男孩的家长。

5. Eisenberg, Arlene, Heidi E. Muroff, and Sandee E. Hathaway. *What to Expect: The Toddler Years.* New York: Workman Publishing, 1994. 这本书内容全面,并且这个系列的书写得都很好。

6. Elium Jeanne, and Don Elium. *Raising a Son.* Berkeley, CA: Beyond Words Publications, 1992. 这本书和 the Eliums' *Raising a Daughter* (Beyond Words, 1994) 涵盖了孩子二十九岁之前的所有年龄段。

7. Eyre, Richard, and Linda Eyre. *Teaching Your Children Values.* New York:

Simon & Schuster, 1991. 有影响力的作家与读者一起探讨社会价值观。

8. Faber, Adele, and Elaine Mazlish, *How to Talk So Kids Will Listen and Listen So Kids Will Talk*. New York: Avon Books, 1982. 这本书内容基于 Haim Ginott 博士的研究。章节内容涉及"帮助孩子处理自身情绪""解放孩子，让他们无需扮演""育儿红绿灯""练习和故事"，等等。

9. Fraiberg, Selma H. *The Magic Years: Understanding and Handling the Problems of Early Childhood*. New York: Charles Scribner's Sons, 1959. 这本书带领家长进入孩子的思维，分析想象力的运作方式，同时阐述了孩子如何发展道德品质，以及如何学会控制自己的冲动。涉及的话题包括焦虑、恐惧、进食障碍、如厕训练、咬人、语言发展、自我意识、良知、恋母或恋父阶段和内疚情绪，等等。

10. Gold, Mark S., M.D. *The Facts About Drugs and Alcohol*. New York: Bantam Books, 1988. 这本书提供了海量的事实信息，其中第二章的标题是"青少年滥用毒品纪实"。

11. Lighter, Dawn. *Gentle Discipline: 50 Effective Techniques for Teaching Your Children Good Behavior*. Deep haven, MD: Meadowbrook Press, 1995. 这本书简洁、清晰。适合养育零至十九岁孩子的父母。

12. Napier, A., and Carl Whitaker. *The Family Crucible*. New York: Harper & Row, 1978. 如果你怀疑家庭治疗的效果，请阅读这本书。

13. Nelsen, Jane, and Lynn Lott. *Positive Discipline for Teenagers: Resolving Conflict with Your Teenage Son or Daughter*. Rocklin, CA: Prima Publishing, 1994. 在育儿阶段，这本书将对你和你的家庭都有帮助。

14. Pantley, Elizabeth. *Kid Cooperation: How to Stop Yelling, Nagging, and Pleading and Get Kids to Cooperate*. Oakland, CA: New Harbinger Publications, 1996. 这本书提供了大量的育儿技巧，光是第 80 页的故事就值这本书的价钱。

15. Pipher, Mary. *Reviving Ophelia: Saving the Selves of Adolescent Girls*.

New York: Ballentine, 1994. 这本书包含了几十个真实的故事，让我们看到美国社会文化对孩子的影响。

16. Seligman, Martin E. P, Ph.D. *The Optimistic Child*. Boston: Houghton Mifflin, 1995. 这本书提供了培养乐观、自信孩子的实用方法。

17. Turecki, Stanley I., M.D. *Normal Children Have Problems, Too*. New York: Bantam Books, 1995. 适合养育三到十二岁孩子的父母。作者说："我的核心方法是观察问题，并为每个孩子和家庭定制解决方案。"如果你常常感到内疚，那么你会发现这本书能够给你安慰。

18. *The Difficult Child*. New York: Bantam Books, 1989. 这本书着重强调孩子天生的气质或倾向，内容非常实用，充满智慧，让人感到平和。

四、关于如何做一个好家长的著作

1. Ackerman, Albert, *The Buddha's Treasure*, 1996. 如果你在书店买不到这本书，那你可以给 Ackerman 博士写信，地址是：8 Captain Drive #451, Emeryville, CA 94608。在这部小说中，十三岁的孩子是第 5 号（观察者）人格，而父亲是第 8 号（保护者）人格，父亲常常尖锐地批评孩子。他们一同前往中国寻找灵丹妙药，却带回了意料之外的结果。我最喜欢书中的一句话是，"父母既然养育孩子，就必须允许孩子反过来养育父母"。

致谢

格斯·瓦格勒、梅莉·斯科特、彼得·奥汉拉汉、汤姆·克拉克佩妮·德温德、哈利·甘斯、凯茜·巴尔德斯、盖尔·雷德

阿尔伯特·阿克曼、简·艾尔斯、莎朗·伯鲍尔、贝拉·鲍尔、大卫和朱迪·伯克、乔伊斯·伯克斯、伊莱恩·切尔诺夫、迈克尔·库金汉姆、米兰达和拉米·科蒂、玛丽·贝丝·克伦娜、麦当娜·达茨曼、大卫·德尔·特雷迪奇、海伦·德尔·特雷迪奇、西尔维亚·法尔孔、鲍勃·费尔内克斯、弗兰和加里·福尔茨、大卫·弗里曼、米凯·弗里曼、迈克尔·加德纳、尼克·格森、贝琳达·戈尔、弗里达·赫奇斯、理查德·亨德里克森、瓦伦丁·利奇、弗雷德·艾萨克、南希·凯塞林、史蒂夫·克鲁辛斯基、丽塔·拉格曼、哈里特·惠特曼·李、诺里斯·莱尔、霍华德·马戈利斯、卡罗来纳·马克斯、丽贝卡·马耶诺、林·麦基根、阿里·麦肯、海伦·迈耶、埃德·穆尼、特雷弗·纳尔逊、卡罗尔和大卫·奥尔森、路易丝·帕雷、伊丽莎白·拉特克利夫、伯莎·赖利、汉克和露西安·桑切斯·雷斯尼克、玛丽亚·萨克斯顿、阿莱特·施利特·格森、格蕾丝·希雷森、薇琪·席尔瓦·史密斯、安妮玛丽·苏德曼、苏西·托拉诺、鲍勃·巴尔德斯、亚伦·瓦赫特、奥吉·瓦格勒、吉姆和琼·瓦格勒、玛莎·瓦格勒、尼克·瓦格勒、艾琳·韦斯、安和乔治·伍德沃德。

感谢为本书各章节及最后的自画像部分提供画像的每位朋友,以及贡献育儿理念的各位家长。

关于作者

伊丽莎白·瓦格勒是一位作家、音乐人和专业漫画家。此外，她与人合著有《九型人格与人际关系》(*Are You My Type, Am I yours: Relationships Made Easy Through the Enneagram*)，《为你的个性找份完美工作：九型人格求职经》(*The Career Within You: How To Find The Perfect Job For Your Personality*)等。

欢迎点击访问她的个人网站：http://www.slaydesign.com/enneagram/。